好爸爸必学

288例养胎瘦身餐

甘智荣 ◎主编

新疆人民出版总社
新疆人民卫生出版社

图书在版编目（CIP）数据

288 例养胎瘦身餐 / 甘智荣主编 . -- 乌鲁木齐 ： 新
疆人民卫生出版社，2016.12
（好爸爸必学）
ISBN 978-7-5372-6847-9

Ⅰ . ① 2… Ⅱ . ① 甘… Ⅲ . ① 妊娠期－妇幼保健－食
谱 Ⅳ . ① TS972.164

中国版本图书馆 CIP 数据核字（2017）第 017740 号

288 例养胎瘦身餐

288 LI YANGTAI SHOUSHENCAN

出版发行	新疆 人民出版总社 新疆 人民卫生出版社	
责任编辑	张鸥	
策划编辑	深圳市金版文化发展股份有限公司	
摄影摄像	深圳市金版文化发展股份有限公司	
封面设计	深圳市金版文化发展股份有限公司	
地　　址	新疆乌鲁木齐市龙泉街 196 号	
电　　话	0991-2824446	
邮　　编	830004	
网　　址	http://www.xjpsp.com	
印　　刷	深圳市雅佳图印刷有限公司	
经　　销	全国新华书店	
开　　本	173 毫米 ×243 毫米　　16 开	
印　　张	7	
字　　数	200 千字	
版　　次	2017 年 6 月第 1 版	
印　　次	2017 年 6 月第 1 次印刷	
定　　价	19.80 元	

【版权所有，请勿翻印、转载】

前言 PREFACE

从怀孕那一刻开始的 280 天，可以说是每位女性人生旅途上的一段非常时期，也是孕育一个新生命的时期。孕妇的生理代谢与普通人不同，为了适应这一系列的变化，孕妇会有不同的营养需要。

怀孕后，孕妇不仅需要维持自己的代谢和保证胎儿生长发育的营养，而且要为分娩和哺乳期体力的高度消耗做好准备。孕期的营养好坏，直接影响到胎儿的生长发育和健康。

有一些人认为孕妇"一张嘴养两个人"，而且担心动了胎气，一旦怀孕后就拼命地吃，却一点也不运动，最终导致孕妇过度肥胖、孕育巨大胎儿的现象。

本书针对孕妈妈们量身打造出孕期专属的营养食谱，让妈妈们从怀孕开始，不仅享受美味、吃对食物，更无需担心对身体造成负担，反而因为吃对食物，产后轻易恢复到产前的轻盈状态。

根据怀孕阶段的不同，本书为妈妈们量身定做了专属的食谱，依据食材类别、营养及特性，精心挑选出各个时期适合食用的食材，兼顾孕妈妈味觉上的享受。希望这些既营养又美味，并且不会造成孕妈妈身体负担的食谱，能让孕妈妈在十个月的孕期内摄取需要的营养，同时享受烹饪的美味，但却养胎不胖身，依然维持孕前纤瘦好气色。

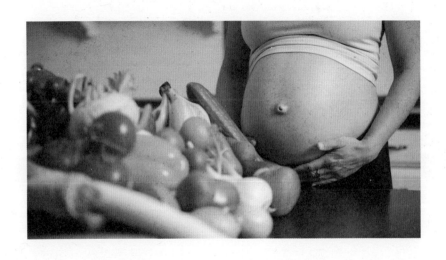

本书的第七部分收录了孕妈妈们最适合做的"孕动"，期待孕妈妈跟着一起做！如此一来，孕妈妈在享受美食的过程中，不仅会保持纤瘦，更能拥有红润好气色。

怀孕十个月，孕妈妈们将面对许多全新的挑战。针对不同的状况，本书收录了"孕期十月注意事项"，搜罗孕妈妈可能面临的各种状况，给予适合的建议，让孕妈妈在面临一至十月的各种孕期状况时，都能临危不乱地处理，甚至按图索骥地解决自己的困扰。

即将临盆之际，本书还为新手爸爸、妈妈们附上贴心的"临产前的准备"，避免准妈妈们在临盆之际出现手忙脚乱的窘境。

愿每位孕妈妈都能快乐、健康地享受美味！

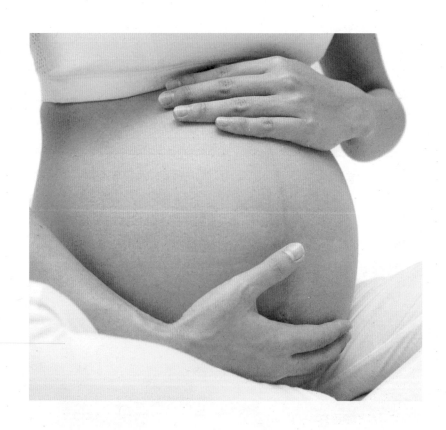

目录 CONTENTS

Part 4
怀孕第三阶段的精选食谱

Part 5
怀孕第四阶段的精选食谱

Part 6

怀孕第五阶段的精选食谱

Part 7

保胎安产的"孕"动

Part 8

孕期十月注意事项

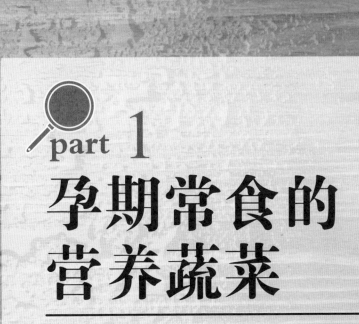

part 1
孕期常食的
营养蔬菜

本单元收录了几种最常出现在月子餐的食材，针对其营养、挑选方式、清洗以及保存方式通通做了详尽介绍。

包菜

茄子

包菜具备B族维生素、维生素C、钙、钾、磷及膳食纤维等营养素，更含有丰富的人体必需微量元素，其中钙、铁、磷的含量在各类蔬菜中名列前五名，又以钙的含量最为丰富，对人体非常有益。

挑选方法

选购冬季包菜时，要选择拿起来沉甸甸且外包叶湿润有水分的；选购春季包菜时，要挑选菜球圆滚滚且有光泽的。选购切成两半的包菜时，要挑选切面卷叶形状明显的。

准备工作

剥包菜时，先将菜根切去，再一张一张剥下来，不要使用包菜最外面的包叶，菜叶要用流水冲洗干净。切包菜时不要顺着叶脉方向切，要与叶脉成直角方向切。用包菜做宝宝的断乳食物时，要将菜心及周围的坚硬部分挖去，去除外包叶，将菜叶剥下来使用，最好将菜叶上的主叶脉也切去，这样才能做出软嫩的宝宝断乳食物，并有利于宝宝食用和消化。

保存方法

外包叶可以保护内叶不受损伤，所以不要摘掉外包叶。将包菜用保鲜膜或报纸包好放入塑料袋中，在冰箱冷藏或放入储藏室保存。

茄子营养价值极高，包含维生素A、B族维生素、维生素C、磷、钙、镁、钾、铁及铜等营养素。茄子的含水量极高，有90%都是水分，富含膳食纤维，其紫色外皮更含有多酚类化合物以及花青素。花青素拥有超强的抗氧化能力，能稳定细胞膜构造，可保护动、静脉内皮细胞免受自由基的破坏。

挑选方法

挑选茄子时，外皮以亮紫色为首选，果形必需完整有光泽且没有损伤，白色果肉饱满、有弹性，而且蒂头包荚没有分叉，这样的茄子不仅较新鲜，口感也较嫩。若是选择尾部膨大的茄子，口感通常会较老。

准备工作

茄子清洗时，必须置放在流动的小水流下，用软毛刷轻轻刷洗，将表面的尘土、脏污刷除后，再用小水流冲洗干净。茄子的外皮蕴含丰富的花青素及营养，刷洗时需控制力道，以免破坏茄子的营养。

保存方法

茄子表皮覆盖着一层蜡质，不仅使茄子发出光泽，还具备保护茄子的作用，一旦蜡质层被损害，便容易腐坏变质。若不是立即食用，不要用水刷洗，置放在阴凉通风处，不要遭受碰撞，可保存2到3天。

西红柿

玉米

西红柿营养价值高，富含果糖、葡萄糖、柠檬酸、苹果酸、茄红素、维生素B_1、B_2、C和钙、磷、铁等多种营养素，对人体十分有益。茄红素是西红柿呈现红色的主要原因，同时也是重要的抗氧化物，能够消除体内自由基，预防细胞受损，保护心血管系统。

玉米含有丰富的膳食纤维、类胡萝卜素、叶黄素、蛋白质、糖类、镁、铁、磷等营养素，其中膳食纤维可改善便秘症状，类胡萝卜素及叶黄素则能预防白内障。

挑选方法

西红柿依大小不同挑选方法各异，大型西红柿以果形丰圆、果色绿，但果肩青色、果顶已变红者为佳；中小型西红柿以果形丰圆，果色鲜红者为佳，越红则代表茄红素含量越多。利用手指触摸西红柿的果实硬度，若用压伤或撞伤会有局部变软、破裂的情况，容易散发酸臭味。好的西红柿果实饱满，果肉结实无空心，色泽均匀无裂痕或病斑，熟度适中且硬度高。

挑选方法

挑选玉米可由外观着手，外叶以颜色翠绿者为佳，代表玉米较新鲜，外叶枯黄则表示玉米过熟，颗粒无水分，鲜度尽失。选购时还需避开有水伤及凹米状况的玉米，若嗅起来有酸味，便代表玉米受到水伤，很可能已经遍布霉菌。

准备工作

用流动小水流仔细清洗，一般人习惯边洗边去蒂头，这是错误的。正确方式为应先清洗完毕再去蒂头，以免污水从缝隙处渗入污染果肉组织，危害人体健康。

准备工作

清洗玉米可掌握三大步骤：第一，用刷子干刷去玉米叶上的灰尘；第二，剥除玉米叶，并记得在接触玉米粒之前，把摸过玉米叶的双手清洗干净；第三，利用流动小水流及软毛刷，仔细刷洗玉米的间隙。

保存方法

购买回家后可直接放入冰箱冷藏。不过，为避免西红柿挤压造成腐烂，放置时请不要将西红柿紧靠在一块。

保存方法

玉米买回来后，最好当天食用完毕，否则容易丧失水分及鲜度。若需存放，建议剥去玉米叶及玉米须，不用经过清洗，直接放在塑料袋中再进冰箱冷藏，这样可减缓水分流失的速度，但保存时间仍以一周为限。若是放在室温下存放，不宜超过2天，并应避开堆积及日晒，以免加速玉米的损伤。

胡萝卜

胡萝卜富含β-胡萝卜素，可在体内转化为维生素A，若是经常食用，可发挥保护皮肤和细胞黏膜、提高身体抵抗力的作用。胡萝卜在日本被称作"东方小人参"，含有蛋白质，脂肪，糖类，维生素B_1、B_2、B_6、C，以及钙、磷、铁、钾和钠等营养素。

挑选方法
胡萝卜以内芯剖面细、深橘色、须根少为佳。若是碰到已切除叶子的胡萝卜，需挑选剖面细的内芯，口感较好；胡萝卜呈现橘色是受到β-胡萝卜素的影响，越是深橘色，甜度越高；而须根较少的胡萝卜则表示生长状况较佳，有获得一定的营养。

准备工作
胡萝卜购买回家后，表面常带有土壤，若非立即食用，不要用水清洗。食用前先干刷掉土壤，再用刷子在流动小水流下刷洗干净，去除蒂头与外皮后便可直接烹煮。

保存方法
买到带叶的胡萝卜，要把叶子立即切下，防止养分从根部被叶子吸取走，而新鲜的胡萝卜叶可使用在很多其他菜品上。胡萝卜切开后，切口容易蒸发水分，若是直接放置在冰箱，往往因缺水而变干、弯曲，因此必须用保鲜膜包好后放在冰箱冷藏，最多不可超过3天。

南瓜

南瓜蕴含维生素A、B族维生素、维生素C及磷、钙、镁、锌、钾等多种营养素，其颜色越黄，甜度越高，β-胡萝卜素含量也越丰富。南瓜所含的类胡萝卜素加入油脂烹煮，不仅不会被破坏，还有助人体的吸收。

挑选方法
选购南瓜应挑选外皮无损伤与虫害，并均匀地覆有果粉，且拥有坚硬外皮、果蒂较干燥的。外形完整的南瓜，没有遭遇摔伤及虫咬，果肉不易变质腐坏；表皮均匀覆有果粉的南瓜则较为新鲜；南瓜熟度越高，果肉越清甜；与一般蔬果选购时不同，不以绿色蒂头为优，枯黄干燥的蒂头代表存放时间较久，口感也越好。

准备工作
不要立即食用新采摘、未削皮的南瓜，由于农药在空气中经过一段时间可分解为对人体无害的物质，因此，易于保存的南瓜可存放1至2周来去除残留农药。

保存方法
没有切开的完整南瓜，可在室内阴凉处存放半个月，冰箱冷藏则可以保存1到2个月。新鲜南瓜购买回来后，可以找合适地点存放1至2周，风味更佳。已经切开的南瓜，保存时要将瓤籽挖除，用保鲜膜包好，存放在冷藏室中，最多可放置一周。

菠菜

菠菜拥有丰富的营养成分，既含有可在体内转化为维生素A的β–胡萝卜素，又富含维生素B_1、B_2、C，蛋白质，以及铁、钾、钙等，对人体十分有益。菠菜富含膳食纤维，可以帮助肠胃蠕动；所含叶酸更具有改善贫血的效果。

挑选方法

菠菜是冬季岁末的时令蔬菜，在秋冬季节营养价值最高。根部干净呈红色，没有枯叶且叶端展开的才是新鲜的菠菜，其菜叶越鲜嫩，入口的涩味就越淡。做宝宝断乳食使用的菠菜，建议以嫩叶为主。

准备工作

菠菜中含有草酸，这种物质不但会令菠菜发涩，还会阻碍钙的吸收，因此必须先煮熟。为方便导热，可在菠菜根部划上十字，从根部开始淋开水烫熟，用于断乳食的菠菜要烫更久一些。烫过的菠菜再用流水冲洗，去掉涩味，然后挤干水分再用。

保存方法

可用湿报纸包好后冷藏保存菠菜，保存时要将根部往下竖立。长期存放会使菠菜中的维生素C流失，导致菠菜营养价值降低，因此建议购买后尽快食用。煮熟的菠菜可冷冻保存，这样可以减少营养成分的流失，建议购买后立即烫熟并冷冻起来。

上海青

上海青除含有深绿蔬菜特有的维生素C、β–胡萝卜素与叶酸等，还含有丰富的钙及硫化物。100克的上海青含有101毫克的钙，算是钙量较高的蔬菜。除此之外，上海青草酸含量低，可避免与钙结合排出体外，人体吸收率相对较高。上海青的营养素常因过度烹煮而流失，应避免长时间水煮，如此更有助于叶酸的释放与吸收。

挑选方法

挑选上海青要以植株挺实为主，除新鲜之外，口感也较为脆甜；另外，接近根部的茎要宽大，不仅滋味较浓郁，保水度也很够；叶面需呈翠绿色，若发黄、枯萎则代表放置过久；茎不可有断裂现象，若出现断裂现象，很可能是遭受过挤压或撞击。

准备工作

上海青有时会产生农药及泥沙残留较多的疑虑，因此清洗时最好先去除腐叶，并切除近根部1厘米，再一叶叶拨开，用流动小水流清洗干净，并用手轻轻推洗茎叶部分，最后使用适当的水柱力量冲洗上海青根茎部，再将根部的脏污用刀子削除。

保存方法

将每次需用的上海青分量用厨房纸巾包住，再放入大型密封袋里，密封后放进冰箱保存。

part 2

怀孕第一阶段
的精选食谱

迎接宝宝的到来！怀孕第一阶段的孕妈妈要特别注意叶酸、维生素B_6与C的补充，叶酸可减少胎儿神经系统及大脑产生缺陷的几率，维生素B_6与C则可以缓解孕吐、避免牙龈出血。

1月 孕期所需营养：叶酸

叶酸对人体十分重要，不仅是体内DNA合成的重要推手之一，更是红细胞的制造来源。对孕妈妈来说，怀孕初期应摄取足够的叶酸，否则对母体与胎儿都会产生不好的影响。

孕妈妈相较一般人更需要叶酸，缺乏时可能产生疲惫、头晕、呼吸不顺畅等现象，甚至会增加孕妈妈发生贫血的可能性，严重还会造成早产与流产。怀孕前四周应补足叶酸，不仅可减少胎儿神经系统及大脑产生缺陷的几率，对母体在孕期中子宫、胎盘内的细胞增生也很有帮助。

胎儿若无法从母体摄取足够的叶酸，会对其发育造成不良影响，很可能在神经系统与大脑的建构过程中产生缺陷，变成脊柱裂、水脑症及无脑儿等先天畸形。

孕妈妈摄取足够叶酸，最好的方式是从均衡饮食中获得。部分孕妈妈会自行补充高剂量的叶酸，这是相当危险的，补充高剂量叶酸需取得医生同意，否则很可能超过人体所需，反而造成反效果。

孕妈妈若摄取过多叶酸，可能出现恶性贫血的症状，造成医生误判，还会使身体无法反映维生素B_{12}的缺乏，因此必须非常小心。

2月 孕期所需营养：维生素B_6、C

孕期迈入第5周，孕妈妈需补充足够的维生素B_6与C，不仅可以缓解孕吐及避免牙龈出血，对于母体本身及胎儿也有好处。

很多孕妈妈在怀孕初期都有孕吐的困扰，这时医生除建议多休息及调节饮食，处方经常会开出维生素B_6来帮助孕妈妈减缓孕吐的症状。维生素B_6对人体十分重要，主要担任酶素辅酶的角色，参与蛋白质、氨基酸的代谢，进而维护神经与内分泌系统，起到调节全身机能的作用。

维生素C为水溶性维生素，很轻易便会从体内流失，孕妈妈必须从饮食中努力摄取。维生素C不仅可以加速凝血，还可以帮助合成胶原蛋白，并参与氨基酸代谢。

很多孕妈妈刷牙时会有牙龈出血的困扰，这个时期应适量从饮食中补充维生素C，不但出血症状可以缓解，还可以提升抵抗力，甚至能够预防胎儿先天畸形。

维生素B_6与C对人体虽然很重要，但孕妈妈切勿自行补充高单位锭剂，否则会对身体造成负担。孕妈妈长时间摄取过量维生素B_6，胎儿容易产生依赖，宝宝出生后容易不安、哭闹及受惊，甚至可能出现智力偏低的症状；维生素C摄取过少，则会影响胎儿发育，甚至发生败血症。

白菜烩蘑菇

维生素 C

材料（一人份）
白菜200克
蘑菇80克
食用油5毫升
盐5克
酱油5毫升
葱花10克
姜末10克
蒜末10克
米酒5毫升

做法

1 将白菜清洗干净后，切成片状；蘑菇洗净后，切成四半。

2 先热锅，倒入食用油，放入葱花、姜末和蒜末拌炒爆香，接着加入白菜，炒到七分熟。

3 加入蘑菇翻炒，再加入酱油、米酒，大火炒匀，最后加入盐拌匀即可。

营养小叮咛

白菜有丰富的维生素及钙、磷、钠、铁等成分，具有极高的营养价值，可美化肌肤，强壮骨骼与牙齿，健全细胞组织，且可促进肠胃蠕动。孕妈妈若有便秘问题，适量食用白菜，可有效改善症状。

part 2

菠菜蛤蜊粥 叶酸

材料（一人份）

白饭150克　蛤蜊肉70克　菠菜
160克　葱10克　姜末10克　蒜末
10克　米酒5毫升　芝麻油5毫升
盐5克

做法

1 菠菜挑拣清洗后，切小段；蛤蜊肉洗净后，沥干；葱洗净，切成葱花。

2 热锅中放入芝麻油，小火爆香姜末、蒜末，放入蛤蜊肉、米酒拌炒。

3 加入白饭、适量的水，煮成白粥后放入菠菜，并加盐调味，煮熟后淋上芝麻油、撒上葱花即可。

扫一扫，轻松学

蚝油鸡柳 维生素B6

材料（一人份）

鸡胸肉350克　木耳片40克　黄椒丝50克
秋葵50克　姜末30克　蒜末30克　白糖2克
盐15克　食用油15毫升　生粉15克
米酒10毫升　蚝油30克

做法

1 秋葵洗净，去头；鸡胸肉切条状，加入5克盐、米酒、姜末、蒜末拌匀，再加入生粉和5毫升食用油，腌渍一会。

2 沸水中加入5克盐，放入木耳片、秋葵、黄椒丝焯水，捞出备用。

3 起油锅，放入鸡胸肉煎炒，炒熟后推到锅边，爆香姜末、蒜末，再加入焯过水的食材、白糖、蚝油、盐与少量的水，翻炒至汤汁收干即可。

五彩干贝 维生素C

材料（一人份）

西芹100克　山药100克　红椒50克　南瓜80克
干贝40克　米酒5毫升　蚝油15克　白糖2克
盐10克　食用油15毫升　水淀粉15毫升

做法

1 干贝浸泡后，加入米酒，放入蒸锅蒸30分钟，取出备用。

2 西芹洗净，切丁；南瓜洗净、去皮和籽，切丁；山药洗净、去皮，切丁；红椒洗净、去籽和白膜，切丁；起水锅，沸水中加入少许盐，依序焯烫全部蔬菜。

3 起油锅，将所有蔬菜、干贝以及蚝油、盐、白糖炒匀，最后淋上水淀粉勾芡即可。

蔬菜玉米饼

材料（一人份）

玉米1根　鸡蛋1个　面粉300克　韭菜段40克
胡萝卜丝40克　食用油15毫升　葱段40克　盐
10克

做法

1 玉米加水煮熟，捞出、放凉后，掰下玉米粒，
备用。

2 取一碗，放入面粉，加入温水、鸡蛋调成面
糊，接着放入韭菜段、葱段、胡萝卜丝、玉米
粒、盐，搅拌均匀。

3 平底锅倒油烧热，将面糊舀出平摊到锅中，小
火煎至两面金黄即可。

荷兰芹炒饭

材料（一人份）

米饭200克　奶油15克　荷兰芹20
克　盐5克

做法

1 将荷兰芹洗净，放入沸水中焯烫
30秒，立即捞起过凉水，再将芹
叶和茎的部分用刀尖来回剁碎。

2 在烧热的平底锅里，放入奶油，
待其开始融化之后，倒入米饭，
并反复翻炒至米饭干爽，最后加
入盐、荷兰芹碎末炒匀。

小米红枣粥 维生素 B_6

材料（一人份）

小米30克　红枣3个　冰糖10克

做法

1 红枣去核、洗净，泡入清水；小米淘净后浸泡
1小时。

2 取汤锅，放入5倍于小米的水烧热，待沸腾
后，放入冰糖、红枣、小米再次熬煮至沸腾，
盖上盖，焖煮20分钟即可。

part
2

豌豆粥 叶酸

材料（一人份）

豌豆50克　大米50克　糖桂花10克
鸡蛋1个

做法

1 鸡蛋打散成蛋液备用。

2 豌豆和大米洗净后放入锅内，加入适量
的水，用大火煮沸。

3 捞出浮沫后，转用小火煮至豌豆酥烂。

4 淋入鸡蛋液稍煮一会，最后撒入糖桂花
即可。

菠菜粥 叶酸

材料（一人份）

菠菜50克　白米饭150克　盐5克

做法

1 菠菜洗净，切段。

2 将白米饭放入沸水中，加入盐拌匀。

3 待粥煮沸后，加入菠菜煮熟即可。

素炒豆苗 叶酸

材料（一人份）

豆苗300克　白糖2克　食用油适量
姜末10克　米酒5毫升　盐5克

扫一扫，轻松学

做法

1 将豆苗洗净，捞出沥干水分，备用。

2 油锅烧热，放入姜末爆香，再加入豆苗，大火迅速翻炒至豆苗变软。

3 接着放入20毫升清水，再加入米酒，稍稍炝一下锅，去除豆苗的生味。

4 再加入盐和白糖调味，均匀翻炒至熟即可。

双色花椰菜 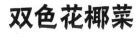 维生素C

材料（一人份）

西蓝花150克　花菜100克　蒜末5克
盐5克　食用油5毫升　水淀粉10毫升

做法

1 将西蓝花和花菜洗净，除去粗纤维后掰成小朵，备用。

2 将西蓝花和花菜放入水中浸泡后，放入添加少许盐的沸水中焯烫，捞出待凉备用。

3 锅中倒入食用油烧热，放入蒜末爆香后，再放入西蓝花和花菜翻炒熟。

4 最后加盐调味，用水淀粉勾芡即可。

凉拌菠菜 叶酸

材料（一人份）

菠菜250克　蒜末10克　干红辣椒段5克
芝麻油5毫升　醋5毫升　盐5克
食用油5毫升

做法

1 将菠菜洗净后切段，放入热水中焯烫20秒，立即捞入凉水中降温，接着用手将菠菜稍微拧干，备用。

2 锅中倒入食用油烧热，爆香干红辣椒段，做成红辣椒油。

3 将蒜末、干红辣椒油、醋、盐与菠菜搅拌均匀，最后淋上芝麻油拌匀即可。

青椒牛肉丝　维生素C

材料（一人份）

牛肉80克　青椒40克　酱油10毫升　生粉5克
蒜末5克　米酒5毫升　芝麻油5毫升　盐5克

做法

1 牛肉洗净后，横纹切成丝，加入酱油、米酒、蒜末和生粉拌匀，再加入芝麻油拌匀，腌渍20分钟。

2 青椒洗净，切成细条备用。

3 起油锅，放入牛肉丝拌炒，约七分熟时捞起。

4 原锅中，加入青椒拌炒至稍微出水，再放入牛肉丝拌炒至全熟，最后加入盐稍微调味即可。

鸡丝烩菠菜　叶酸

材料（一人份）

鸡胸肉100克　菠菜150克　水发粉丝50克　虾米15克　蒜片10克　枸杞3克　盐5克　食用油5毫升　芝麻酱5克

做法

1 鸡胸肉切成细条；波菜切段备用。

2 虾米用热开水泡透。

3 锅内加油烧热，放入蒜片、虾米与鸡丝炒香；倒入适量水后，再放入枸杞煮滚；最后放入菠菜、粉丝、盐、芝麻酱煮透即可。

猪肉丝上海青　叶酸

材料（一人份）

猪瘦肉30克　上海青150克　蒜瓣2瓣
食用油5毫升　盐5克　酱油5毫升

做法

1 猪瘦肉切成条状，加入酱油，腌渍15分钟。

2 上海青洗净后，切成适当的大小；蒜瓣切末或拍碎。

3 热锅，放入食用油烧热，放入蒜末爆香，再放入猪肉丝拌炒。

4 待猪肉颜色转白后，放入上海青，加入一点水和盐，拌炒至上海青熟透即可。

韭菜粥 叶酸

材料（一人份）

韭菜50克　白米100克　盐5克

做法

1 韭菜洗净，切碎备用。

2 白米洗净，放入锅内后加入适量的水，用大火煮沸。

3 加入韭菜段，转小火熬煮至米粒酥烂。

4 最后加入盐调味即可。

青椒里脊片 维生素 C

材料（一人份）

里脊肉300克　青椒150克　酱油10毫升
米酒5毫升　生粉5克　食用油5毫升
葱花10克　姜丝10克　盐5克

做法

1 将青椒洗净，去蒂和籽，切斜片备用。

2 里脊肉洗净后切片，加入酱油、米酒、生粉，拌匀后腌渍30分钟。

3 起油锅，放入姜丝爆香。

4 接着放入里脊肉片，炒至八分熟，再加入青椒片翻炒。

5 最后加入盐及葱花，翻炒至里脊肉全熟即完成。

葱油虾仁面

叶酸

材料（一人份）

粗面150克　虾仁70克　葱花15克　食用油10毫升　盐10克　酱油30毫升　白糖10克

做法

1　虾仁去肠泥后洗净；面条加盐汆烫备用。

2　起油锅，放入10克葱花爆香，加入虾仁翻炒，倒入盐、酱油、白糖炒匀。

3　放入面条拌炒2分钟，起锅前撒上5克葱花即可。

扫一扫，轻松学 …………

南瓜上海青粥

叶酸

材料（一人份）

白米粥150克　南瓜60克　上海青2棵　盐5克

做法

1　南瓜去皮和瓤，洗净后切成小丁；上海青洗净，切小段，备用。

2　锅中放入白米粥、南瓜丁、上海青，加入50毫升热水一起熬煮。

3　待煮至南瓜丁软烂熟透后，加盐调味即可。

什锦烩豆腐

维生素
C

材料（一人份）

豆腐150克　豆芽菜45克　胡萝卜45克　香菇25克　青椒15克　食用油适量　酱油15毫升　水淀粉15毫升　胡椒粉5克　芝麻油5毫升　米酒5毫升　葱花5克

做法

1　胡萝卜洗净、去皮，切片；香菇洗净、切片，香菇蒂头切斜刀；青椒洗净，切成青椒圈。

2　豆腐洗净，切块后放入油锅中稍微煎至金黄，再加入香菇、胡萝卜、豆芽菜和酱油，翻炒后加入少许水煨一下。

3　放入青椒、水淀粉、胡椒粉、米酒，翻炒匀。

4　最后洒入葱花，淋上芝麻油即可。

胡萝卜粥

材料（一人份）

胡萝卜150克　白饭150克
食用油5毫升　盐5克

扫一扫，轻松学 ··········→

做法

1 胡萝卜洗净，切小丁。

2 起油锅，将胡萝卜炒出香味后，放入白饭及400毫升水一起熬煮。

3 待胡萝卜粥熬煮成稠状，加入盐搅拌均匀，再熬煮5分钟即可关火盛盘。

香葱豆腐

材料（一人份）

红椒块40克　蛋豆腐100克　葱段10克　香菜
10克　蚝油15克　酱油15毫升　白糖2克
水淀粉5毫升　食用油适量

做法

1 蛋豆腐切正方形小块，再放入热油锅中，炸至表面酥黄，捞出备用。

2 起油锅，爆香葱段，转小火，加入蚝油、白糖、酱油和豆腐拌炒一下，加入少量清水煨煮一会，再下红椒块。

3 稍微翻炒，再用水淀粉勾芡、撒上香菜即可盛盘。

芥菜干贝汤

材料（一人份）

芥菜250克　干贝10克　米酒5毫升　鸡汤200毫升
芝麻油5毫升　盐5克　葱花5克　姜丝10克
蒜泥10克

做法

1 将芥菜洗净，去蒂头，切段。

2 干贝稍微冲洗后，放入30毫升的水里，加入米酒后浸泡30分钟，备用。

3 起油锅，爆香姜丝、蒜泥，接着放入芥菜、干贝翻炒。

4 加入鸡汤、盐、泡干贝的水，煮滚即可。

5 起锅前，淋上芝麻油、撒上葱花即可。

part 3

怀孕第二阶段的精选食谱

孕期进入到第二阶段，孕妈妈需要补充足够的镁、维生素A与锌，才能完整提供宝宝所需，镁与维生素A可以帮助骨骼发育、肌肉成长以及促进宝宝皮肤、肠胃道及肺部的健康；锌则有助宝宝后天记忆力的养成，还可帮助脑部组织的正常发育。

3月　孕期所需营养：镁、维生素A

孕妈妈在这个阶段，需补充足够的镁与维生素A，前者对胎儿骨骼及肌肉发育有着不可或缺的重要性；后者不仅可以维护视力，同时也是骨骼生长必需的营养素。

镁对人体相当重要，主要配合酶一起作用，核酸、蛋白质、糖类、脂类的作用都需要镁来配合，它同时控制细胞膜的作用，缺乏时会干扰钙与钾的作用。长期腹泻及消化道发炎都会影响镁的吸收，甚至耗尽体内镁的存量。

镁会影响胎儿的发育，包含身高、体重及头围等，孕妈妈摄取足够的镁不仅可以让胎儿正常发育，对本身子宫肌肉的恢复也有很大的帮助。

维生素A对于人体来说有多重功用，例如促进骨骼生长、细胞分化、增生，甚至是强化免疫系统、预防感染，不仅可以维护体内各个组织上皮细胞的健康、维持正常视觉作用，还可以促进胎儿发育。

在胚胎发育初期，细胞需要增生及分化成不同组织，这些过程需要基因正常发挥作用，如果基因表现失常很可能造成畸形，而维生素A则能参与调节型态发育的基因。胎儿发育前三个月，无法自行储存，非常依赖母体供应维生素A。

孕妈妈缺乏镁与维生素A，前者引发子宫收缩，导致早产，后者容易罹患夜盲症；摄取过多，前者导致镁中毒，后者增高畸胎风险。

4月　孕期所需营养：锌

进入孕期四月，孕妈妈需摄取足够的锌供应胎儿，充足的锌可以维持胎儿脑部组织的发育，更有助宝宝出生后其后天记忆力的养成。

锌对人体而言是必需的矿物质营养素，由于体内没有储存锌的机制，因此最好每日都要通过饮食适量摄取，才能避免缺乏锌导致的问题。锌参与人体生长与发育、维持免疫功能及食欲、味觉等，缺乏时这些功能都会造成损伤，因此可说，锌对健康的影响相当广泛。

孕妈妈若锌摄取不足，轻者罹患感冒、支气管炎或肺炎等呼吸道疾病，重者甚至影响子宫收缩，分娩时由于子宫收缩无力，进而可演变成难产。

对于胎儿来说，锌也是非常重要的存在，缺乏时，轻者容易导致记忆力不好、智力低下，重者导致大脑发育受损，一生深受此影响，若是顺利出生，还可能引发中枢神经系统受损，甚至导致先天性心脏病或多发性骨畸形等多种无法挽回的先天缺陷。

若是摄取超量的锌，母体极可能出现腹泻、痉挛等状况，也会损伤胎儿的脑部发育及脑神经的建构，不利于其整体发展。

孕妈妈只要饮食均衡，便能从食物中摄取足够的锌，这也是孕期中获得营养素的最好方式。若想补充高剂量的锌，需咨询医生，才不会造成反效果。

南瓜包

材料（一人份）
南瓜400克
糯米粉200克
藕粉15克
鲜香菇2朵
盐10克
酱油15毫升
白糖5克
食用油5毫升

做法

1 南瓜去皮，蒸熟后压碎；鲜香菇洗净，切丝。

2 先将糯米粉与50毫升水混合揉成面团，取出一小块放入滚水中，浮起后捞出，加入剩余的面团中，再加入藕粉和南瓜泥，做成南瓜面团。

3 起油锅，放入香菇、盐、酱油、白糖，炒香、炒匀成馅。

4 将揉好的面团，分成大小均匀若干份，擀成包子皮后包入馅料，入蒸锅蒸10分钟即可。

营养小叮咛 ·············

南瓜含有维生素和丰富的果胶，能消除体内细菌毒素和其他有害物质，有非常好的解毒作用，而且营养又开胃，是孕妈妈补充叶酸、提振食欲的良好食材。

芥蓝腰果炒香菇 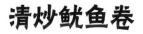镁

材料（一人份）

芥蓝180克　熟腰果40克
香菇7朵　红椒15克
黄椒15克　盐5克
白糖5克　食用油适量

扫一扫，轻松学▶

做法

1 芥蓝去除底部较硬的地方，茎切斜刀，叶切成3厘米长度；红椒、黄椒洗净后，去蒂头、去籽、切丝；香菇切下蒂头后切片，而蒂头部分切斜刀。

2 起油锅，放入香菇炒香，待香味传出后，放入芥蓝一起拌炒；加少许水，炒至芥蓝熟透，再下盐与白糖，需来回拌炒，使调味均匀。

3 最后放入红椒、黄椒及腰果，略微拌炒即可起锅。

清炒鱿鱼卷 锌

材料（一人份）

鱿鱼150克　食用油5毫升　葱5克　姜5克
米酒5毫升　盐5克　胡椒粉5克

做法

1 鱿鱼洗净、擦干，在内侧斜刀刻出花纹，再切成2厘米宽度的片状。

2 葱切段；姜切成片状，备用。

3 取一锅，将鱿鱼放入滚水中氽烫，卷起来后即捞出，沥干水分。

4 另取一热锅，加油，放入葱、姜拌炒出香味后，再放入鱿鱼，接着加入米酒、盐与胡椒粉，拌匀即可起锅。

山药炒花蛤 镁

材料（一人份）

花蛤500克　山药200克　香菜段50克　姜丝15克
葱丝10克　盐5克　米酒10毫升　花椒油2毫升
食用油30毫升

做法

1 将花蛤放入清水中浸泡，使其吐净泥沙，再捞出冲洗干净；蒸熟后，去壳取肉。

2 山药去皮、洗净，切成片，再放入沸水中略烫，捞出沥干。

3 起油锅，下葱丝、姜丝炒香，再加入花蛤肉。

4 加米酒炝锅，倒入山药片、盐炒匀，撒上香菜段，淋上花淑油，即可出锅装盘。

part 3

part **3**

栗子扒油菜 镁

材料（一人份）

油菜100克　熟板栗肉70克
香菇30克　胡萝卜片30克
姜片2片　盐5克　白糖2克
水淀粉5毫升　食用油5毫升

扫一扫，轻松学 ▶ ·············

做法

1 香菇去蒂，洗净后切成两半；熟板栗肉切成两半。

2 油菜洗净、切段，放入沸水中焯烫一下，捞出后铺盘。

3 热油锅，下姜片炒出香味，接着加入香菇、板栗肉、胡萝卜片略炒。

4 加入盐、白糖、清水煮至入味，再用水淀粉勾芡，最后盛在油菜上即可。

牡蛎粥 锌

材料（一人份）

牡蛎肉100克　白米粥150克　猪瘦肉30克
盐5克　葱花5克　姜末5克

做法

1 牡蛎肉洗净；猪瘦肉切丝备用。

2 取一锅，放入白米粥，加入适量清水和姜末，一起拌匀、加热。

3 接着加入肉丝和牡蛎肉，煮沸后加入盐调味，再撒上葱花即可。

京葱海参 锌

材料（一人份）

海参270克　大葱1根　枸杞10克　米酒10毫升
蚝油15克　姜末10克　食用油5毫升

做法

1 将海参洗净后对剖，接着切斜刀，备用。

2 大葱切段备用。

3 起油锅，先炒香大葱段，接着放入海参、姜末、米酒、蚝油、枸杞和适量水，盖上锅盖，转中小火焖煮10分钟，烧至呈淡黄色即可。

牡蛎豆腐汤

材料（一人份）

豆腐50克　牡蛎100克　青菜100克　盐10克
胡椒粉5克　姜丝10克　葱花10克　芝麻油5毫升

做法

1 豆腐切块，放盐水中备用；青菜洗净，切段。

2 另取一碗盐水，将牡蛎放入其中洗两次，捞起备用。

3 汤锅中注入500毫升热水，先加入姜丝，再放入豆腐和牡蛎，煮沸。

4 接着加入盐、青菜段、葱花和胡椒粉，续煮至青菜软化。

5 起锅前，滴入芝麻油即可。

腐竹蛤蜊汤 锌

材料（一人份）

豆腐皮150克　蛤蜊300克　芹菜10克
盐10克　高汤500毫升　芝麻油5毫升

做法

1 将蛤蜊放入淡盐水中浸泡，使其吐沙，再用清水洗净，沥干水分。

2 豆腐皮洗净，用清水泡软，沥去水分，切成小段。

3 芹菜择去叶片，洗净后切成细末。

4 锅中加高汤烧沸，放入豆腐皮段煮沸，再放入蛤蜊煮至壳开；加入盐、芝麻油及芹菜末煮至入味即可。

鲜虾豆腐汤

材料（一人份）

虾仁8只　豆腐100克　葱花10克　盐5克
高汤500毫升　米酒5毫升

做法

1 将豆腐切小块，用沸水焯烫后捞出沥水。

2 虾仁去肠泥后洗净，用沸水汆烫，捞出沥水，放凉。

3 汤锅中加高汤、米酒，放入豆腐块、虾仁烧沸，撇去浮沫，加入盐再煮5分钟。

4 起锅前撒入葱花即可。

冬瓜海鲜锅 镁

材料（一人份）

冬瓜120克　虾仁50克　鲜鱿鱼50克
魔芋丝50克　虾丸50克
盐5克　高汤500毫升

做法

1 将冬瓜去皮、去籽洗净后，切片；鲜鱿
鱼洗净，切成圈圈状；虾仁挑去泥肠后
洗净。

2 锅中放入高汤煮滚后，先放入冬瓜片，
煮5分钟，再放入鱿鱼圈、虾仁、魔芋
丝、虾丸再次煮沸。

3 最后加入盐调味，煮至入味即可。

菠菜鱼片汤 镁

材料（一人份）

鲈鱼肉100克　菠菜100克　葱段10克
姜片3片　盐5克　米酒5毫升　食用油5毫升

做法

1 将鲈鱼肉洗净，切成薄片；菠菜洗净、切
段，放入沸水中焯烫后，捞出备用。

2 锅中加油烧热，放入鲈鱼片煎至两面微微
带有金黄色。

3 接着加入葱段、姜片一起拌炒，再加入米
酒微炝。

4 注入适量清水，待煮沸后加入菠菜。

5 略煮一下后关火、加盐调味即可。

五彩虾仁

材料（一人份）

虾仁100克　豌豆40克　蘑菇20克　红甜椒15克
蛋白1个　生粉5克　米酒5毫升　蒜末5克
盐5克　食用油5毫升　高汤30毫升

做法

1 虾仁洗净，开背去除肠泥，用纸巾擦干后放入
　碗中，加入蛋白、米酒、盐抓腌，最后放入生
　粉拌匀；蘑菇和红甜椒切丝备用。

2 热锅加油，放入虾仁煎至变白后，放入蒜末一
　起拌炒。

3 虾仁七分熟时，放入豌豆、蘑菇、红甜椒拌炒
　出香味，再加盐与高汤，加盖煮3分钟即可。

虾米海带丝

材料（一人份）

虾米50克　海带丝200克　姜丝10克
红辣椒丝10克　米酒5毫升　酱油10
毫升　食用油5毫升　芝麻油5毫升

做法

1 将虾米洗净，蒸熟；海带丝洗
　净，放入加有米酒的沸水中焯
　烫，捞出沥干后放入盘中，加入
　姜丝、虾米、酱油，腌渍一会。

2 将锅置于火上，倒入食用油烧
　热，放入红辣椒丝略炸后将其浇
　到虾米海带丝上，最后淋上芝麻
　油拌匀即可。

南瓜炒肉丝

材料（一人份）

南瓜250克　猪肉丝45克　姜片15克
酱油5毫升　葱末10克　食用油适量

做法

1 南瓜洗净、去皮，用汤匙仔细挖去瓤后，切成
　斜片备用。

2 热油锅，先放入猪肉丝炒散，再爆香姜片，一
　起拌炒1分钟。

3 再加入南瓜翻炒2分钟，接着加入酱油和水，
　煨煮一下，待南瓜熟软，再加入葱末即可。

南瓜蒸肉 维生素A

材料（一人份）

小南瓜1个　猪肉150克　红枣4个
酱油10毫升　甜面酱10克　白糖2克
葱末10克　米酒5毫升

做法

1 将南瓜洗净，在瓜蒂处开一个小盖子，用汤匙仔细挖出南瓜籽。

2 猪肉洗净、切片，加酱油、甜面酱、白糖、葱末、米酒拌匀，填入南瓜盅里，并塞入红枣。

3 盖上南瓜盖，用大火蒸10分钟后，取出即可。

菠菜猪肝汤 镁

材料（一人份）

菠菜150克　猪肝50克　胡萝卜10克　枸杞5克
生姜2片　盐5克　米酒5毫升

做法

1 猪肝切片；姜片切丝；胡萝卜和菠菜切成适当大小。

2 将猪肝放入滚水中略微焯烫一下，外层变色后马上捞起备用。

3 另取一锅，加入清水煮滚，再放入菠菜、胡萝卜丝和姜丝，再次煮滚。

4 最后放入已焯烫的猪肝，加入米酒与枸杞，接着放盐调味即可。

香煎鸡腿南瓜

镁

材料（一人份）

南瓜130克　面粉适量　洋葱50克
去骨鸡腿150克　米酒15毫升
白糖15克　白醋20毫升　盐2克
姜末15克　生粉适量　食用油适量

扫一扫，轻松学→………

做法

1 南瓜洗净，去皮后切薄片；洋葱洗净，去皮后切丝；鸡腿肉洗净，切块。

2 鸡腿肉加入米酒、盐、姜末及生粉，腌渍20分钟入味。

3 热油锅，将腌好的鸡肉表层裹上面粉，下锅煎至表面金黄，捞起备用。

4 原锅中放入洋葱炒软，加入拌匀的白糖、白醋，再放入南瓜微微炒软，加点水焖一下，最后加入鸡肉拌炒一下，盛盘即可。

芝麻包菜

锌

材料（一人份）

包菜200克　黑芝麻5克　盐10克　食用油10毫升

做法

1 热锅，用小火干煸黑芝麻，炒出香味后盛出备用。

2 包菜拨开菜叶洗净，切成粗丝。

3 取炒锅，倒入油烧热。

4 放入包菜，大火快炒至熟透发软、菜梗部分呈现透明状，再加盐调味。

5 最后撒上干煸过的黑芝麻拌匀即可。

蒜蓉空心菜

镁

材料（一人份）

空心菜200克　蒜蓉10克　食用油5毫升　盐5克

做法

1 将空心菜挑去老叶，切去根部后洗净，切成3厘米的长段。

2 热油锅，先下蒜蓉炒出香味，接着加入空心菜，再加入盐和清水，翻炒拌匀即可。

金钱虾饼 锌

材料（一人份）

虾仁250克　马蹄4颗　蛋白1个
生粉5克　米酒5毫升
姜末5克　盐5克

扫一扫，轻松学 ➤ ·············

做法

1 虾仁洗净、去肠泥，压成泥状后剁碎；马蹄洗净，放进塑料袋中用刀背剁碎。

2 虾泥和所有调味料放进装有剁碎马蹄的塑料袋中，一起搅拌至出现黏性。

3 将搅拌好的馅料分成大小一致的小团，再整成圆饼状。

4 热油锅，放入虾饼，用中小火煎至两面金黄、熟透即可。

小白菜丸子汤 镁

材料（一人份）

猪绞肉150克　鸡蛋1个　小白菜200克
米酒5毫升　盐5克

做法

1 小白菜洗净，切段备用。

2 猪绞肉加入米酒、盐、鸡蛋搅拌均匀，调成肉馅。

3 烧一锅滚水，转小火，将肉馅用汤匙舀成丸子状后放入锅中，待丸子煮熟，捞出浮沫，再加入小白菜续煮，煮滚后加盐调味即可。

高汤蔬菜面 锌

材料（一人份）

西蓝花3朵　金针菇3串　玉米粒15克
胡萝卜5片　香菇1朵　小虾仁15个　葱花10克
海带高汤500毫升　粗面1份　盐15克

做法

1 将胡萝卜、西蓝花、金针菇、香菇、虾仁洗净；面条加10克盐氽烫后备用。

2 把金针菇、胡萝卜、西蓝花、玉米粒、虾仁、香菇放入海带高汤中熬煮。

3 胡萝卜熟透之后放入面条，熬煮2分钟。

4 起锅前撒上5克盐及葱花即可。

香炒猪肝

材料（一人份）

新鲜猪肝200克
青椒40克
红椒40克
生姜3片
大蒜2瓣
食用油5毫升
花椒油5毫升
盐5克
酱油5毫升

做法

1 将猪肝切成薄片。

2 将青椒与红椒洗净、剖
  开，去籽后切成适当大小
  的片状。

3 大蒜切成片，备用。

4 锅内注油加热，将姜片、
  蒜片先放入爆香，再将
  青、红椒片放入，用中火
  翻炒出香味。

5 再将猪肝放入，加入盐与
  花椒油、酱油提味，大火
  快炒后起锅即可。

营养小叮咛 ▶ ·············

韭菜含有丰富的胡萝卜素、
维生素C及钙、磷、铁、膳食
纤维等多种营养成分，可暖
胃，改善贫血，促进骨骼、
牙齿发育，帮助肠胃蠕动，
促进消化与通便。

莲子炖猪肚

part
3

材料（一人份）
猪肚80克
去心莲子15克
山药10克
盐5克
姜片3片
葱段10克

做法

1 莲子放入温开水中泡30分钟，备用。

2 猪肚洗净，放入沸水中煮至软烂，捞出后冲洗，再切成条。

3 将猪肚条、葱段、姜片、山药、莲子一起放入清水中，用小火炖约40分钟。

4 最后再放入盐调味即可。

营养小叮咛 ·········

莲子含有维生素B$_2$、蛋白质、维生素E、食物纤维等营养成分，可补虚益气，促进凝血，维持体内酸碱平衡，具有安神养心作用。和猪肚一起熬汤，可健脾养胃。

怀孕第三阶段的精选食谱

在怀孕的第三阶段，孕妈妈应该摄取足够的钙、维生素D以及铁。钙可以促进宝宝骨骼与牙齿的发育，维生素D则有助于钙的吸收，两者相辅相成，缺一不可；铁则是孕妈妈与宝宝不可缺乏的重要营养素。

5月 孕期所需营养：钙、维生素D

钙对人体来说是非常重要的营养素，人们需要钙来协助心脏、肌肉及神经正常运作，而钙对人体血液的正常凝结也扮演着不可或缺的角色，若是没有摄取足够的钙，罹患骨质疏松症的风险会随之显著增加。很多医学研究指出，钙摄入不足与低骨密度、骨折高发生率息息相关。

孕期五月，孕妈妈应该补充足够的钙与维生素D，才能完整提供胎儿此时期所需营养，维生素D与钙的关系十分微妙，前者有助于后者吸收，两者的关系非常紧密。获取维生素D的来源很多，其中一种便是通过晒太阳来生成。

妊娠进入第五个月，胎儿的骨骼与牙齿开始快速生长，此时需要大量的钙，因此会从孕妈妈身上摄取更多的钙来供给生长所需。

妊娠时期孕妈妈如未摄取足够的钙会导致四肢无力、腰酸背痛、肌肉痉挛、小腿抽筋、手足抽搐及麻木等不适症状，严重者甚至可能造成骨质疏松、软化及妊娠期高血压综合征等疾病。

虽然钙对胎儿非常重要，但过量或缺乏都不是件好事。胎儿摄取过量，不利于铁、锌、镁、磷等营养素的吸收，也可能因为胎盘提前老化而发育不良，甚至因为颅缝过早闭合而演变成难产。

钙摄取缺乏，则可能导致骨质软化症、颅骨软化、骨缝过宽等异常现象。

6月 孕期所需营养：铁

铁是人体必需营养素之一，身体大部分的铁都分布在血红素中，身负重责大任，包含携带氧气、传递电子及氧化还原等多项重要任务，剩余的铁则以蛋白形式储存在肝脏及骨髓中，以便紧急情况下使用。

妊娠进入第六个月，孕妈妈跟胎儿都需要大量营养素，加上怀孕之后母体血液总量忽然增加许多，理所当然对铁的需求量也会大增，孕妈妈可以通过饮食、从各类食物中获得铁，避免发生缺铁性贫血。

铁在酸性环境中吸收最好，建议多从动物性食物中获取。为了自己与胎儿的健康，孕妈妈要从食物中加强摄取足够的铁，或是根据产检结果（以医生的评估为准则），适当补充铁剂来获得充足的铁，才能让自己及胎儿同时拥有健康的身体。

缺乏铁，对孕妈妈及胎儿都会产生一定程度的影响，前者容易发生食欲不振、情绪低落、疲劳及晕眩，甚至可能出现早产或生出体重过轻的宝宝。后者缺铁，容易出现生长迟缓，宝宝出生后若未获得改善，可能导致注意力无法集中。

想要有效摄取铁，每日必需食用充足的深绿色蔬菜，并从饮食中补充足够的维生素C与蛋白质，以增强铁的吸收。还应避免同时摄取钙与餐后大量饮水，以免造成抑制现象，或破坏利于铁吸收的酸性环境。

糖醋黄鱼

材料（一人份）

鲜黄鱼1条
碗豆20克
胡萝卜丁20克
笋丁20克
葱末10克
生粉5克
水淀粉5毫升
食用油适量
米酒5毫升
白糖2克
醋5毫升
酱油10毫升

做法

1 将黄鱼洗净、处理好，在
   鱼身两面划上花纹、拍上
   生粉，放入油锅炸至外皮
   酥脆，捞起沥干油，放入
   盘中备用。

2 另起锅，倒入油烧热，放
   入碗豆、胡萝卜丁、笋丁
   略炒。

3 加入葱末、白糖、醋、酱
   油、米酒、适量水熬煮，
   待煮沸后，用水淀粉勾
   芡，做成调味汁。

4 将煮好的调味汁浇在鱼身
   上即可。

营养小叮咛

黄鱼含有丰富的蛋白质和维
生素，以及微量元素钙、
磷、铁、碘，而且鱼肉组织
柔软，易于消化吸收，对人
体有很好的补益作用，可护
肝、安定神经、改善睡眠、
增强免疫力。

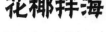

花椰拌海带结

钙

材料（一人份）

西蓝花150克　海带结150克
白糖5克　淡色酱油20毫升

扫一扫，轻松学 ·············

做法

1 西蓝花洗净、取小朵；海带结洗净。

2 将白糖、淡色酱油及50毫升开水搅拌均匀成酱汁，放在小碗中备用。

3 起一锅水，放入西蓝花、海带结煮熟，捞出沥干后便可盛盘。

4 最后将酱汁均匀地淋在盛盘的西蓝花、海带结上即可。

山楂烧鱼片

维生素 D

材料（一人份）

鲷鱼肉片150克　山楂片20克　蛋黄1个
洋葱20克　料酒5毫升　辣椒酱5克
姜片2片　盐10克　面粉5克　食用油适量

做法

1 将山楂片敲碎；洋葱洗净，切块。

2 将鲷鱼片洗净，斜刀切块，加料酒、盐、蛋黄、面粉，腌渍15分钟。

3 热油锅，将鱼片炸至金黄色，捞起沥干油。

4 另起油锅，爆香姜片，放入山楂片和少量水，使其溶化，再加入辣椒酱、鱼片和洋葱，放入少量水，煨煮一下，等酱汁稍收干即可。

红烧鲈鱼片

钙

材料（一人份）

鲈鱼1条　盐5克　米酒5毫升　酱油15毫升
葱末10克　姜丝10克　白糖2克　生粉15克
食用油适量　水淀粉适量

做法

1 鲈鱼处理干净后，去头、取鱼肉，切斜刀片，再用盐、米酒、生粉腌渍备用。

2 将鱼块炸至金黄色，捞出沥油。

3 另起油锅，放入葱末、姜丝爆香，接着倒入酱油、水和白糖，再用水淀粉勾芡。

4 倒入炸好的鱼块炒匀，大火煮沸后改小火，待酱汁收干，盛盘即可。

part **4**

猪骨海带汤

材料（一人份）

海带100克　排骨100克　葱段10克　姜片3片
白醋5毫升　盐10克　米酒5毫升

做法

1 海带洗净，放入温水中泡2小时后，切成丝、
过滚水焯烫。

2 排骨洗干净后，放入加盐的热水中汆烫一下。

3 砂锅中放入葱段、姜片、排骨、海带，再加入
适量的清水、白醋和米酒，煮沸。

4 转中小火再焖煮40分钟，最后加盐调味即可。

糖醋白菜 维生素D

材料（一人份）

白菜150克　胡萝卜80克　白糖5克
醋5毫升　盐5克　生粉15克

做法

1 白菜、胡萝卜洗净，切斜片。

2 将白糖、醋、盐、生粉放在小碗
里搅拌均匀，调成酱汁。

3 起一锅，加入少许水焖煮白菜，
再放入胡萝卜，待胡萝卜熟烂后
将酱汁倒入，熬煮入味即可。

胡萝卜小米粥 维生素D

材料（一人份）

胡萝卜80克　小米30克　盐5克

做法

1 胡萝卜洗净，刨成丝；小米洗净后，加适量水
浸泡。

2 起一水锅，放入胡萝卜丝与小米熬煮至沸腾，
再转小火熬煮至小米熟烂。

3 待小米熟烂后，加盐搅拌均匀即可。

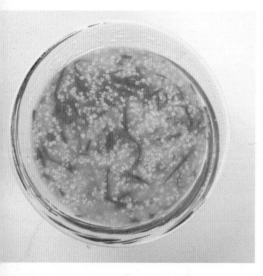

腰果木耳西芹 铁

材料（一人份）

木耳50克　竹笋50克　西芹50克
腰果25克　姜15克　盐5克
芝麻油5克　食用油5毫升

做法

1 木耳、竹笋洗净，切片；西芹洗净，切
斜刀；姜洗净，切片。

2 起油锅，放入姜片爆香，以提升整道菜
的香气。

3 加入木耳、笋片及西芹拌炒均匀，待木
耳呈现熟烂状态，加入腰果一起拌炒至
香味传出。

4 最后加入盐及芝麻油，搅拌均匀即可。

白菜豆腐汤 铁

材料（一人份）

豆腐200克　香菇3朵　小白菜150克　盐5克

做法

1 香菇洗净后，切下蒂头并一起切块；白菜
洗净，切段；豆腐切块，盛盘备用。

2 起一锅水，加入香菇、小白菜一起熬煮，
待沸腾后加入豆腐继续熬煮。

3 待小白菜熬煮熟烂后，放入盐搅拌均匀，
关火、盛盘即可。

干煎带鱼

材料（一人份）

带鱼1条　食用油适量　面粉5克　葱丝10克
姜片10克　蒜片10克　酱油10毫升　盐2克
醋2毫升

做法

1 带鱼去头及内脏，洗净后切段，沥干后双面轻拍上面粉，备用。

2 锅内放油，烧至七分热，带鱼段下锅过油至金黄色后捞出。

3 锅内留油，先放入葱丝、姜片及蒜片炒香，再放入带鱼段拌炒几下。

4 最后加入盐、酱油、醋焖烧，煮熟起锅即可。

木耳鲳鱼

材料（一人份）

鲳鱼300克　木耳30克　红辣椒丝5克
姜丝10克　蒜片10克　葱丝5克
盐5克　芝麻油5毫升
酱油10毫升　米酒5毫升

做法

1 将鲳鱼正反面皆划上花纹，抹上米酒略腌2分钟；木耳洗净，去蒂后切丝备用。

2 将鲳鱼、姜丝、蒜片、酱油、红辣椒丝、盐、木耳丝一同摆进大碗中，放入蒸锅蒸20分钟，再淋上芝麻油、撒上葱丝即可。

茄汁鹌蛋

材料（一人份）

熟鹌鹑蛋20个　豌豆40克　白糖2克
胡椒粉5克　水淀粉5毫升　姜末10克　蒜末10克
番茄酱15克　葱花10克　食用油5毫升

做法

1 将白糖、胡椒粉、适量清水以及番茄酱混合，搅拌均匀成酱汁，备用。

2 油锅烧热，将鹌鹑蛋放入，炸至金黄色、蛋白起小泡，捞起沥油。

3 另起油锅，放入姜末、葱花、蒜末，炒出香味，再放入豌豆、酱汁、鹌鹑蛋，用水淀粉勾芡即可。

海带鸡汤 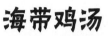 钙

材料（一人份）

鸡肉340克　水发海带7片　盐5克
葱花10克　姜片3片　花椒10克
胡椒粉5克　米酒5毫升

做法

1 将鸡肉洗净、切块，过滚水汆烫备用。

2 海带洗净，切成菱形块。

3 锅中注入适量清水，放入鸡块、葱花、
　　姜片、花椒、米酒跟海带，用小火慢炖
　　45分钟，至鸡肉块熟透。

4 撒入盐、胡椒粉拌匀，起锅即可。

六合菜 钙

材料（一人份）

黄豆芽80克　韭菜30克　粉丝30克　豆干2片
猪肉丝50克　鸡蛋1个　葱段10克　姜丝10克
盐5克　生粉5克　酱油5毫升
米酒5毫升　食用油10毫升

做法

1 将洗净的韭菜切段；粉丝泡发；豆干切丝
　　备用。

2 猪肉丝加入米酒、生粉抓腌，备用。

3 热油锅，先放入鸡蛋炒散后，放入肉丝、
　　葱段和姜丝一起爆香。

4 接着放入豆干丝、粉丝，加入适量水和酱
　　油，再加入黄豆芽、韭菜均匀翻炒至熟。

5 最后加入盐调味即可。

白菜豆腐汤 钙

材料（一人份）

豆腐200克　白菜200克　香菇2朵　葱花5克
姜丝10克　培根2片　盐5克　胡椒粉5克
食用油5毫升

做法

1 豆腐、白菜洗净，切块；培根切片；香菇泡水备用。

2 锅内放油，烧至七分热，爆香姜丝。

3 再放入培根片、白菜片，略炒一会后加入适量清水，放入豆腐块、香菇，熬煮。

4 最后加入盐、胡椒粉，装碗后撒上葱花即可。

可乐饼 铁

材料（一人份）

熟土豆500克　面粉30克
猪绞肉50克　面包粉30克　鸡蛋1个
香菇末2朵　食用油适量　胡椒粉10
克　盐10克

做法

1 起油锅，炒香香菇末和猪绞肉，加入盐、胡椒粉翻炒，盛盘。

2 熟土豆捣成泥，加入炒好的食材拌匀，做成圆饼状备用。

3 土豆饼依序沾上面粉、蛋液、面包粉，入油锅，炸至金黄即可。

西蓝花鹌鹑蛋汤 铁

材料（一人份）

西蓝花60克　熟鹌鹑蛋10个　鲜香菇3朵
培根2片　盐5克

做法

1 西蓝花除去外围粗纤维后，切小朵，洗净并氽烫；鲜香菇去蒂后，洗净；培根切成丁。

2 将鲜香菇、培根丁放入锅中后，加入适量清水，用大火煮沸。

3 放入熟鹌鹑蛋和西蓝花，煮至西蓝花熟后，加入盐调味即可。

海味时蔬 钙

材料（一人份）

剥壳虾5只　墨鱼70克　鲷鱼片50克
黄椒30克　荷兰豆50克　竹笋80克
姜末10克　淡色酱油15毫升　白糖2克
盐10克　食用油5毫升　米酒5毫升
芝麻油5毫升

做法

1 竹笋去皮，切片；黄椒洗净、去籽和白
　膜，切成滚刀块；墨鱼和鲷鱼分别洗
　净，切斜片。

2 沸水中，加入少许盐，按顺序焯烫竹
　笋、荷兰豆，捞出；接着汆烫虾、墨
　鱼、鲷鱼片，捞出备用。

3 热油锅，爆香姜末后，先下黄椒以外的
　蔬菜一起翻炒。

4 再加入海鲜、黄椒、淡色酱油、盐、白
　糖及米酒一起翻炒。

5 起锅前，滴入芝麻油即可。

海参豆腐煲 钙

材料（一人份）

海参1只　豆腐200克　胡萝卜30克　小黄瓜
30克　姜片3片　盐5克　酱油5毫升　米酒
10毫升　蚝油15克　食用油5毫升

做法

1 胡萝卜洗净去皮，小黄瓜洗净，均切片。

2 剖开海参，洗净切段，放入加了5毫升米酒
　和盐的沸水中汆烫。

3 豆腐切块，入油锅过油。

4 起油锅，爆香姜片，放入豆腐、海参、蚝
　油、酱油、米酒，加水煨煮。

5 砂锅中放入胡萝卜、小黄瓜，再倒入煨煮
　好的食材，汤汁煮沸后即可起锅。

西红柿蘑菇炒面 铁

材料（一人份）

蘑菇5朵　猪肉丝50克　盐3克
西红柿100克　罗勒10克　食用油
10毫升　原味芝士1片　油面1份
蚝油20克　白糖5克

扫一扫，轻松学 ·········

做法

1 蘑菇切片；猪肉丝剁碎；西红柿切小块。

2 起油锅，拌开猪肉末，下蘑菇、西红柿拌炒。

3 加入蚝油、白糖、盐以及50毫升水拌炒均匀，再放入油面炒至收汁。

4 罗勒下锅后，用面条盖住，关火闷一会儿，便可拌匀起锅。

5 盛盘后，放上一片芝士片，让面条热气慢慢将其融化即可。

奶油鲈鱼 铁

材料（一人份）

鲈鱼1条　熟火腿2片　豆苗15克　笋片25克
食用油5毫升　料酒5毫升　盐5克
葱段10克　生粉5克　姜片5片

做法

1 豆苗洗净，对切；火腿切成宽条。

2 鲈鱼洗净，去头、尾，在鱼背上画出刀纹，抹上生粉。

3 起油锅，放入鲈鱼略煎，接着放入葱段和姜片，淋入料酒炝出香气，随即放入适量清水，淹过2/3的鱼身，盖上锅盖焖3分钟，焖至鱼熟。

4 放入笋片、火腿，大火熬煮10至15分钟，再下豆苗和盐略煮即可。

火腿贝壳面 钙

材料（一人份）

意大利贝壳面1份　黑胡椒5克　橄榄油10毫升
玉米30克　洋葱末30克　鲜奶150毫升
面粉70克　火腿丁30克　无盐奶油70克
鲜奶油40克　盐10克

做法

1 热锅后小火融化无盐奶油，分2次倒入面粉，小火拌炒至黏糊状，无结块时加入鲜奶及5克盐，冒泡后关火，再加入鲜奶油搅拌至溶化；贝壳面加盐氽烫备用。

2 起油锅，爆香洋葱，加入火腿丁和玉米炒香。

3 加入贝壳面及5克盐拌炒均匀，盛盘后，撒上黑胡椒增加香气即可食用。

part 5

怀孕第四阶段
的精选食谱

脑磷脂、卵磷脂、DHA、EPA等被合称为"脑黄金"，
能转化为胎儿脑部、视网膜发育的必需脂肪酸；碳水化
合物摄取充足，则可以避免胎儿酮症酸中毒或蛋白质缺
乏。孕妈咪在怀孕第四阶段需补充足够的"脑黄金"与
碳水化合物，才能确保自己与宝宝的健康。

7月 孕期所需营养："脑黄金"

对人体十分重要的不饱和脂肪酸，包含脑磷脂、卵磷脂、DHA及EPA等，被统称为"脑黄金"。"脑黄金"是维持神经系统细胞生长的重要成分之一，大脑及视网膜的构成多半靠它，其中，大脑皮层中含量高达20%，视网膜中所占比例最大，约有50%，对宝宝的智力、视力发展尤为重要。

妊娠七月，孕妈咪必须补充足够的"脑黄金"，不仅能够预防早产、增加胎儿重量、避免胎儿发育迟缓，更对胎儿的智力及视力发育都有很大的帮助。

其中，DHA被人体吸收以后，绝大部分会进到细胞膜中，并集中在视网膜或大脑皮质中，进而组成脑部视网膜的感光体。

组成大脑皮质的要素之一便是感光体，其对脑部及视网膜发育具有重要功能。一般成人可以靠必需脂肪酸转化出DHA，但胎儿却无法如此，一定得从母体从饮食中摄取转化后的营养素中来吸收脑黄金，因此，孕妈妈必须确认自己是否从饮食中获取足够的脑黄金。

缺乏"脑黄金"，对母体与胎儿都会造成影响，胎儿的脑细胞膜和视网膜中的脑磷脂容易不足，严重者甚至可能造成流产。

虽说摄取足够的"脑黄金"对孕妈妈十分重要，但摄取过多，仍会造成不良后果，可能影响孕妈妈的免疫及血管功能，并且因为摄取过多热量，造成身体的负担。

8月 孕期所需营养：碳水化合物

好的碳水化合物来源多半是植物性食物，除了提供碳水化合物以外，还能提供纤维、维生素、矿物质与植化素等营养，全谷类、豆类、蔬菜与水果等食物都是好的碳水化合物来源。

进入妊娠八月，孕妈妈需要特别注意碳水化合物的摄取，这个阶段因为胎儿开始在肝脏及皮下储存脂肪，因此需要从母体摄取足够的碳水化合物，若是摄取不足，可能导致酮症酸中毒或蛋白质缺乏。

碳水化合物是胎儿每日新陈代谢的必需营养素，若是缺乏，可能造成母体与胎儿的不良影响。前者由于血糖含量降低，导致肌肉疲乏无力、身体虚弱以及心悸等症状，严重者还可能产生妊娠期低血糖昏迷。后者造成脑细胞所需葡萄糖供应减少，大幅减弱胎儿的记忆、学习及思考能力。

碳水化合物最佳及最主要来源正是每餐主食，孕妈妈在饮食上必须定时定量，才能维持正常的血糖指数，供给胎儿新陈代谢所需营养素，帮助其正常生长。但若摄取过多，则容易导致母体肥胖，反而造成身体的负担。

山药鱼头汤

材料（一人份）
鱼头1个
山药150克
碗豆苗50克
海带结50克
姜片3片
食用油5毫升
盐5克
胡椒粉5克
米酒5毫升

做法

1 山药去皮后洗净，切块；碗豆苗对切备用。

2 锅内倒油烧热后，下鱼头煎至两面微黄。

3 放入姜片、米酒、山药、海带结和适量热水，用大火煮沸后，加入盐和胡椒粉调味。

4 等鱼头熟后放入碗豆苗，煮熟后即可。

营养小叮咛

鱼头除蛋白质含量较高外，还富含磷、铁等元素；山药能助消化、补虚劳、益气力、滋养脾胃，并有缓泻祛痰等作用。因此，此菜可有效帮助孕妈妈强健体能、补充体力。

虱目鱼米粉

材料（一人份）

虱目鱼肚1块　米粉1份
姜丝20克　芹菜末30克
葱段20克　食用油10毫升
米酒20毫升　盐5克

扫一扫，轻松学 ··········

做法

1 将虱目鱼肚片成小块。

2 锅中注油烧热，放入虱目鱼肚煎香，以鱼肉那面下锅，可以减少喷溅。

3 下葱段、姜丝爆香，再放入米酒去腥，加热开水、米粉及一半芹菜末熬煮。

4 最后放入盐调味，盛盘后撒上另一半芹菜末即可。

清蒸黄鱼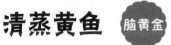

材料（一人份）

黄鱼1条　辣椒40克　米酒5毫升　姜片5片
葱1支　盐5克　食用油适量

做法

1 黄鱼处理干净、洗净，抹上米酒腌渍。

2 再将姜片铺在鱼上，放入蒸锅中，用大火蒸熟，取出备用。

3 辣椒洗净、去籽和头尾，葱洗净，均切丝后放入冷开水中浸泡备用。

4 将葱丝、辣椒丝铺在蒸熟的鱼身上，撒上盐、淋上热油即可。

橙香鱼排

材料（一人份）

鲷鱼130克　橙子2个　红椒50克　竹笋90克
盐10克　生粉15克　水淀粉适量　食用油适量

做法

1 将鲷鱼清理干净，取鱼肉，切成薄片，抹上盐腌渍后，裹上生粉，入油锅炸至金黄色，捞出备用。

2 竹笋、红椒分别洗净，切片。

3 橙子取出果肉，切小块。

4 锅中留少许油，放入橙子、竹笋和红椒，加入些许清水和盐调味。

5 最后用水淀粉勾芡，放入鱼片翻炒均匀即可。

红豆燕麦粥

碳水化合物

材料（一人份）
红豆100克　燕麦50克　红糖45克

做法

1 将红豆洗净后，浸泡约6小时。

2 将燕麦清洗好，备用。

3 锅中加入400毫升的水，放入浸泡过的红豆，用大火煮沸后，再用中火煮30分钟至1小时，接着加入燕麦，继续煮15分钟。

4 最后依个人口味加入适量的红糖，搅拌均匀后即可食用。

香菇鱼片粥

脑黄金

材料（一人份）
鲷鱼50克　芹菜末10克　白米饭150克　红枣3个　香菇6朵　芝麻油5毫升　盐5克　姜丝10克　胡椒粉2克　食用油5毫升

做法

1 红枣去核，和香菇分别洗净后备用；鲷鱼洗净，切斜刀片。

2 起油锅，爆香姜丝后，放入香菇、红枣、适量清水、白米饭和盐，熬煮5分钟。

3 接着再加入鱼片、胡椒粉、芹菜末与芝麻油，搅拌一下即可。

当归枸杞面线

碳水化合物

材料（一人份）
面线30克　当归5克　枸杞5克　芝麻油5毫升　盐5克

做法

1 将面线放入沸水中，煮熟。

2 砂锅中加入清水、当归和枸杞，煮至味道出来后，再放入面线。

3 滴入芝麻油，加盐调味即可。

鱼肉胡萝卜汤 脑黄金

材料（一人份）

胡萝卜80克　鲷鱼肉90克　芋头50克
上海青菜心30克　盐5克　米酒5毫升
姜末10克　食用油5毫升　芝麻油5毫升
胡椒粉5克

做法

1 鲷鱼肉切斜刀，片成鱼片，备用。

2 胡萝卜洗净、去皮，切片。

3 芋头刷去外层泥后，削皮、洗净，再切成片。

4 上海青菜心洗净，切片。

5 起油锅，先爆香姜末，接着加入胡萝卜、芋头、清水，以及盐、鱼片、胡椒粉、上海青菜心、米酒、芝麻油，一同熬煮。

6 煮至食材熟透入味即可。

清炖珍珠斑 脑黄金

材料（一人份）

珍珠斑一尾　小干香菇25克　香菜末10克
葱末10克　姜末10克　食用油15毫升　盐5克

做法

1 将珍珠斑去鳃和鳞、清除内脏，洗净，并在鱼身上切花备用。

2 干香菇用温水泡发，洗净后切丝，香菇水留着备用。

3 热油锅，放入鱼，煎至两面微黄。

4 接着放入葱末、姜末、香菇、盐，倒入适量清水，再放入泡香菇的水，煮约15至20分钟，撒上香菜末即可。

小卷面线

材料（一人份）

小卷6只　葱3根　姜3片
面线1份　米酒30毫升
盐5克　胡椒5克
乌醋5毫升　芝麻油5毫升

扫一扫，轻松学

做法

1　葱切段；姜切丝；面线汆烫备用，去除杂质及咸度即可捞起，无需熟透。

2　起油锅，爆香葱段、姜丝，下小卷炒香，加米酒增香。

3　加入250毫升水、盐一起熬煮，再放入面线烹煮入味。

4　均匀放入乌醋、芝麻油调味，起锅前下胡椒增香即可。

莲藕排骨汤

材料（一人份）

莲藕80克　排骨150克　红枣6个　生姜15克
盐5克

做法

1　莲藕洗净、去皮，切成小块。

2　红枣洗净；生姜洗净、去皮，切片备用。

3　排骨放入滚水中汆烫，去血水后捞起备用。

4　将所有食材放入锅中，加适量清水和盐。

5　煮滚后转小火，炖煮1小时，至莲藕熟软后，再加入盐调味即可。

煮藕片

材料（一人份）

莲藕300克　酱油10毫升　白糖5克　盐适量
芝麻油5毫升　芝麻5毫升　食用油适量

做法

1　将莲藕削皮之后，切成薄片，然后放在加有盐的沸水中汆烫，捞出备用。

2　热油锅，放入莲藕，加入酱油、白糖，再加入少许的水，稍收干汁后，滴入芝麻油，即可盛盘，再撒上芝麻即可。

火腿沙拉

材料（一人份）

火腿150克　鸡蛋2个　胡萝卜50克　盐2克
黄瓜50克　沙拉酱20克　胡椒粉2克

做法

1 将胡萝卜洗净、去皮，蒸熟后切丁；黄瓜洗净、切丁，焯水；火腿切丁；鸡蛋煮熟，挖去蛋黄另置，取蛋白切丁，备用。

2 将蛋黄和沙拉酱拌匀至滑顺无颗粒。

3 将胡萝卜丁、黄瓜丁、火腿丁、蛋白丁放入大碗中，加入蛋黄色拉酱、盐、胡椒粉调味，拌匀即可。

小米蒸排骨

材料（一人份）

猪小排250克　小米100克　冰糖5克
米酒10毫升　甜面酱15克　葱花10克　豆瓣酱15克　食用油5毫升

做法

1 猪小排洗净后切块；小米洗净，泡入清水30分钟备用。

2 将甜面酱、豆瓣酱、冰糖、米酒、食用油拌匀成酱料。

3 将排骨沾满酱料，再沾上小米，放进盘内，再将剩余酱料倒入盘底，放进蒸锅中蒸熟，撒上葱花即可。

火腿煎饼

材料（一人份）

火腿片100克　面粉140克　玉米粉70克　鸡蛋1个
水　盐2克　白糖2克　食用油5毫升

做法

1 将面粉、玉米粉、盐、白糖及300毫升水混合，搅拌成面糊。

2 火腿片切丝，放入面糊里，再打入鸡蛋，搅拌均匀。

3 热油锅，平均地放入面糊，用小火煎成两面金黄色的圆薄饼，起锅切成三角形即可。

冰糖五彩玉米羹

碳水化合物

材料（一人份）

豌豆30克　鸡蛋1个　山药30克　冰糖5克
玉米粒50克　枸杞5克　水淀粉5毫升

做法

1 山药洗净后去皮、切丁；豌豆洗净。

2 锅中加入100毫升清水，接着放入玉米
粒、山药丁、豌豆以及冰糖，煮至山药
熟透。

3 加入水淀粉勾芡，使汁变浓，再加入枸
杞拌匀。

4 将鸡蛋打散，倒入锅内煮成蛋花，待煮
沸即可。

木耳粥

碳水化合物

材料（一人份）

木耳20克　白米粥150克　红枣3个　冰糖10克

做法

1 木耳放入清水中浸泡4小时，泡发后去蒂、
洗净，撕成小片备用。

2 红枣洗净、去核，和白米粥、适量清水一
起放入锅中，用大火熬煮。

3 煮沸后，加入木耳和冰糖，煮至冰糖融化
即可关火。

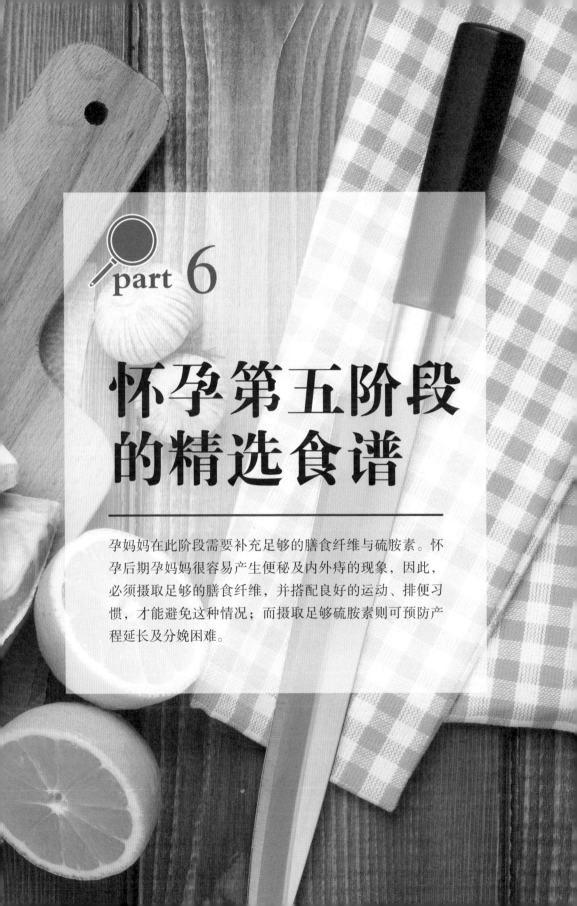

part 6

怀孕第五阶段
的精选食谱

孕妈妈在此阶段需要补充足够的膳食纤维与硫胺素。怀孕后期孕妈妈很容易产生便秘及内外痔的现象，因此，必须摄取足够的膳食纤维，并搭配良好的运动、排便习惯，才能避免这种情况；而摄取足够硫胺素则可预防产程延长及分娩困难。

9月 孕期所需营养：膳食纤维

膳食纤维对人体具备很多好处，包含预防心脑血管疾病、糖尿病、便秘、肠癌、胆结石、皮肤疾病、牙周病及控制体重等，这些好处对孕妈妈来说格外重要，因此这个时期，孕妈妈应该从饮食中补充足够的膳食纤维。

膳食纤维分为两类：水溶性与非水溶性的。前者主要成分为果胶之类的黏性物质，可以溶于水中，变成胶体状；后者主要成分为木质素、纤维素及半纤维素等，虽然不溶于水，却可以吸附大量水分，进而促进肠道蠕动。

孕妈妈在妊娠九月摄取足够的膳食纤维，不仅可以增加每餐饱足感，更有助于体重控制及肠胃蠕动。在这个时期，胎儿忽然快速地增大，对母体的消化器官产生压迫，使孕妈妈容易发生便秘情况，因此必须摄取足够的膳食纤维，才能避免这种状况的发生。

食用膳食纤维后，可以有效帮助肠道蠕动，有利于代谢中有害物质的排出，对于皮肤的健康美丽更是加分。还可以减缓糖分的吸收，可说是天然的"碳水化合物阻滞剂"。

部分孕妈妈由于罹患妊娠糖尿病，需要严格控制血糖，若是摄取足够的膳食纤维，可以减缓糖分的吸收，并达到稳定血糖的功效。

但有一点需注意，膳食纤维要达成效用，还需补充足够水分，才能发挥最大的功用。

10月 孕期所需营养：硫胺素

硫胺素又称维生素B_1，是很重要的营养素之一。人体无法自行制造硫胺素，储存量也有限，虽然肠道细菌可以自行合成，但数量稀少，且主要为焦磷酸酯型，不易被肠道吸收，因此必须从每日食物中摄取，才能摄入足够的硫胺素。

孕期最后一个月，需特别注意补充足够的营养，其中以硫胺素最为重要，孕妈妈需从饮食中充分摄取，才不会增加产程的困难。

硫胺素是人体必需营养素，与体内热量及物质代谢有很密切的关系。一般人缺乏硫胺素，可能出现全身无力、疲累倦怠等不适现象；孕妈妈则可能感到全身无力、疲乏不振、头痛晕眩、食欲不振、经常呕吐、心跳过快及小腿酸痛，长期缺乏，甚至可能导致横纹肌溶解症，严重者还会死亡。

现代社会由于饮食精致化，摄取的硫胺素几乎是农业社会的一半，复杂的加工程序同时也降低了硫胺素含量，正因如此，建议孕妈妈尽量选择粗粮来当主食，以增加硫胺素的吸收。

硫胺素多半存在谷物外皮及胚芽中，若是去掉外皮或碾掉胚芽，很容易造成硫胺素的流失。有些地方因为米粮过度精致化，反而诱发脚气病的风行。另一方面，过度清洗米粒、烹煮时间过长、加入苏打洗米等过度清洁的行为，也可能导致硫胺素的流失。

牛肉蔬菜卷

材料（一人份）
白萝卜丝30克
牛肉50克
金针菇30克
生菜30克
面粉10克
料酒5毫升
酱油5毫升
白糖5克
食用油5毫升

做法

1 牛肉切薄片；金针菇、生菜洗净。

2 取一碗，加入料酒、酱油、白糖拌匀成酱汁。

3 将生菜铺平，依序铺上金针菇、白萝卜丝和牛肉，卷起，撒上一层薄面粉。

4 锅中注油烧热，将牛肉卷开口朝下放入开始煎，至其表面金黄。

5 淋上拌好的酱汁后续煮至入味即可。

营养小叮咛 ▶

白萝卜含有丰富的维生素C、膳食纤维，口味清爽可增加食欲，对孕妈妈的消化系统及免疫力均有好处，且其富含的钙、钾等可以促进胎儿的骨骼发育和脑部发育。

奶油玉米笋

材料（一人份）

面粉10克　鲜牛奶80毫升　盐5克　奶油30克
玉米笋400克　清汤100毫升　水淀粉5毫升

做法

1 将玉米笋洗净、切花刀，焯熟后沥干备用。

2 锅中放入奶油融化，接着放入面粉，开小火不停搅拌1至2分钟，至面粉糊小小发泡、飘出香味。

3 加入清汤后，搅拌至面粉不结块，再紧接着加入鲜牛奶、盐和玉米笋拌匀。

4 用小火煮至入味，用水淀粉勾芡即可。

葱椒鲜鱼条 膳食纤维

材料（一人份）

多利鱼1片　面粉50克　白糖2克
蛋黄1个　洋葱末30克　胡椒5克
葱花10克　辣椒末10克　盐10克
米酒5毫升　食用油适量

做法

1 将面粉加入清水、蛋黄及5克的盐，拌匀制成面糊；多利鱼切条后裹上面糊下油锅，炸至金黄。

2 起油锅，爆香辣椒、葱花，加入盐、白糖、胡椒和炸好的鱼条，拌炒。

3 起锅前下洋葱和米酒炒匀即可。

冬笋姜汁鸡丝 膳食纤维

材料（一人份）

鸡胸肉100克　冬笋50克　蛋白1个　食用油适量
高汤50毫升　生粉5克　米酒5毫升　盐5克
姜汁5毫升

做法

1 鸡胸肉切细丝，将其与蛋白混合，再放入生粉拌匀；冬笋切细丝。

2 起油锅，放入鸡丝，待熟透取出沥油。

3 另取一锅，放入高汤、冬笋丝、盐、姜汁、米酒，大火煮滚，捞去浮沫，转中火煮5分钟。

4 待汤头煮出香味后，再将鸡丝放入即可。

洋葱炒丝瓜

膳食纤维

材料（一人份）

丝瓜200克　洋葱100克　猪瘦肉50克
食用油5毫升　姜片2片　盐5克
高汤50毫升　胡椒粉2克　芝麻油5毫升

做法

1 将丝瓜洗净，去蒂、去皮，切条后再切滚刀块。

2 洋葱洗净，剥去老皮后逆纹切丝。

3 猪瘦肉洗净，切丝备用。

4 锅中倒入食用油烧热，先放入姜片爆香，接着放入肉丝、丝瓜块、洋葱丝、高汤翻炒，盖上锅盖转小火，焖至丝瓜软化出水。

5 加入盐、胡椒粉调味后，淋上芝麻油即完成。

鱼香豆干

膳食纤维

材料（一人份）

豆干200克　鸡蛋1个　芝麻5克　醋2毫升
青椒丝50克　白糖2克　胡萝卜丝50克
葱末10克　姜末10克　蒜末10克　盐5克
食用油适量　生粉10克　豆瓣酱5克
鲜鱼汤10毫升

做法

1 豆干洗净，切条；鸡蛋打入碗中，再放入豆干条和5克生粉、芝麻拌匀。

2 将剩余生粉、醋、白糖、盐、鲜鱼汤调成汁备用。

3 起油锅，放入豆干条滑散，至金黄色时捞出沥油。

4 另起油锅，放入姜末、蒜末、豆瓣酱爆炒。

5 待炒出红油，倒入调好的汁，撒上葱末、豆干条、胡萝卜丝、青椒丝，翻炒均匀即可。

西红柿鸡蛋汤

材料（一人份）

鸡蛋1个　西红柿100克　猪瘦肉30克　生姜2片　盐5克　食用油5毫升　葱花5克

做法

1 猪瘦肉切成细条备用；姜片切成丝；西红柿切成适当大小；鸡蛋打散成蛋液，备用。

2 起油锅，先放入姜丝爆香，接着放入西红柿块与瘦肉丝略略翻炒，再加入适量清水煮滚。

3 转小火，将蛋液以画圈的方式倒入锅中煮成蛋花后关火。

4 最后撒上盐、葱花，拌匀即可。

凉拌苦瓜

材料（一人份）

苦瓜180克　蛋黄酱75克　番茄酱15克

做法

1 将苦瓜去籽后洗净，仔细用汤匙刮除白膜，再放入冷开水中浸泡，至苦瓜冰凉。

2 将苦瓜取出沥干，切成斜刀片，放入盘中。

3 将蛋黄酱和番茄酱拌匀，食用前淋上酱汁或沾酱食用即可。

珍珠三鲜汤

材料（一人份）

鸡肉100克　胡萝卜50克　豌豆50克　西红柿100克　蛋白半个　盐5克　生粉5克　芝麻油5毫升

做法

1 豌豆洗净；胡萝卜、西红柿分别洗净后切丁；鸡肉洗净，剁成肉泥。

2 取一碗，把蛋白、鸡肉泥、生粉放在一起搅拌匀，再捏成丸子。

3 取汤锅，将豌豆、胡萝卜、西红柿放入锅中，加500毫升清水煮沸；接着放入丸子，煮熟浮起后加盐、芝麻油调味即可。

红烧豆腐 膳食纤维

材料（一人份）

豆腐200克　豌豆30克　食用油适量
红椒30克　葱花10克　水淀粉5毫升
姜丝10克　酱油15毫升　白糖2克

做法

1 豆腐洗净，切小块；豌豆洗净。

2 红椒洗净后去蒂和籽，切丁备用。

3 起油锅，烧热，放入豆腐稍微煎至表面金黄，捞出备用。

4 锅留底油，放入葱花、姜丝爆香，再放入豌豆翻炒。

5 加入酱油、白糖、水、豆腐一起炖煮入味。

6 最后加入红椒丁翻炒，再用水淀粉勾芡即可。

凉拌茄子 膳食纤维

材料（一人份）

茄子250克　盐5克　醋5毫升　鸡粉5克
芝麻油5毫升　蒜泥10克　芝麻酱15克

做法

1 将茄子洗净、去蒂，切成四瓣；放入锅中蒸烂后，取出放在盘内备用。

2 取一碗，放入芝麻酱、醋、芝麻油、盐，拌匀调成酱汁备用。

3 将适量的冷开水、鸡粉、蒜泥和成另一种酱汁。

4 将2种酱汁淋在茄子上即可。

西芹炒百合

材料（一人份）

百合30克　西芹100克　葱1支　盐5克
水淀粉5毫升　色拉油5毫升

做法

1 将百合洗净，掰成小瓣后，放入滚水中快速焯
烫后捞起。

2 西芹洗净，切段，放入滚水中焯烫。

3 葱切段备用。

4 油锅烧热，放入百合、西芹以及葱段，翻炒至
西芹全熟，调入盐拌匀。

5 最后用水淀粉勾薄芡即可。

香肥带鱼 硫胺素

材料（一人份）

带鱼1条　牛奶100毫升　木瓜块50克
盐10克　生粉15克　米酒5毫升

做法

1 带鱼切成长块，抹上盐和米酒，
腌10分钟后，再抹上生粉。

2 带鱼块下油锅，炸至金黄色捞出。

3 锅内加适量水，放入牛奶和木瓜
块，待汤汁烧开时放盐、生粉，
不断搅拌。

4 最后将汤汁连同木瓜块淋在带鱼
块上即可。

腰果虾仁

材料（一人份）

虾仁60克　腰果30克　葱花10克　生粉5克
盐10克　米酒10毫升　蛋白1个　姜末10克
食用油适量

做法

1 腰果入油锅，炸至酥黄后，捞出备用。

2 虾仁用蛋白、5克盐和米酒腌渍后，均匀裹上
生粉，过油备用。

3 留少许锅底油，爆香姜末与葱花，接着下虾
仁、腰果。

4 拌炒后，加入盐和米酒调味即可。

当归羊肉汤 膳食纤维

材料（一人份）

羊肉600克　当归20克　老姜片20克
盐5克　米酒30毫升　胡椒10克
色拉油5毫升

做法

1 将羊肉洗净后，切小块；接着加入米酒、胡椒，腌渍10分钟；再放入滚水中汆烫，捞出备用。

2 当归洗净，切片。

3 煲锅内注油烧热，先将姜片炒香，接着加入当归片、羊肉块、适量水及盐。

4 盖上锅盖，用小火细炖3小时，至食材熟透即可。

山药奶肉羹 膳食纤维

材料（一人份）

羊肉300克　山药100克　牛奶100毫升
姜片5片　盐10克　醋5毫升

做法

1 山药去皮，洗净后切片，泡入加了醋的凉水里备用。

2 将羊肉洗净切块，入沸水中汆去血水后，放入砂锅中，接着加入姜片、牛奶和沥干水分的山药，用中小火炖煮至羊肉软熟。

3 起锅前，再加入盐调味，转小火煮1分钟即完成。

香菇炒西蓝花

材料（一人份）

西蓝花120克　香菇2大朵　盐5克　葱丝10克
姜丝10克　芝麻油5毫升　食用油5毫升

做法

1 将西蓝花洗净，放入滚水中焯烫，捞出沥干水
  分，备用。

2 香菇洗净，用50毫升温水泡发5分钟后取出切
  丝，香菇水留着备用。

3 葱丝、姜丝放入油锅中爆香，接着放入香菇、
  西蓝花一起翻炒。

4 加入盐调味后，再倒入香菇水烧开，最后淋上
  芝麻油即可。

金针鸡丝汤

材料（一人份）

芦笋100克　鸡肉100克　金针菇35克
蛋白1个　生粉5克　盐10克

做法

1 将鸡肉切片，加入5克盐、生粉、
  蛋白拌匀，腌渍20分钟。

2 芦笋洗净沥干，将下半根的外皮
  刮除后切段；金针菇洗净，切
  散、沥干。

3 锅中放入500毫升清水，加入鸡
  肉丝、芦笋、金针菇一同熬煮。

4 待煮沸后，加盐调味即可。

当归鲈鱼汤

材料（一人份）

鲈鱼1条　当归25克　盐5克　米酒5毫升
姜片3片　红枣4颗

做法

1 鲈鱼洗净，将鳞片刮除、内脏清理干净备用。

2 将鲈鱼、当归、姜片、红枣放入锅中，加入适
  量清水和米酒，煮滚后加入盐提味即可。

板栗双菇 硫胺素

材料（一人份）

蘑菇70克　笋子50克　豌豆30克　板栗
80克　香菇120克　蚝油15克　水淀粉5毫
升　芝麻油5毫升　食用油5毫升　米酒5
毫升　白糖2克

做法

1 板栗放入沸水中略烫一下，捞出去皮，
再煮熟，捞出。

2 香菇、蘑菇分别洗净，切丁；笋子洗
净，切块。

3 起油锅烧热，放入香菇、蘑菇和豌豆，
加入蚝油、白糖及适量清水煨煮。

4 加入笋子、米酒，煮至入味。

5 放入板栗，翻炒片刻，再用水淀粉勾
芡，淋入芝麻油即可。

西蓝花烧双菇 膳食纤维

材料（一人份）

西蓝花100克　香菇5朵　白蘑菇5朵
姜丝10克　白糖2克　食用油5毫升
蚝油15克　盐5克

做法

1 西蓝花洗净后，刮去外皮粗纤维后切成小
朵，入滚水焯烫；香菇、白蘑菇分别洗净
后切成片。

2 锅内放入油烧热，放入姜丝爆香后，接着
加入香菇、白蘑菇一同翻炒。

3 待菇类炒熟后，放入盐、蚝油、白糖调
味，最后再加入水与西蓝花，一同焖煮2分
钟即可起锅盛盘。

牛奶烩生菜

膳食纤维

材料（一人份）

生菜150克　西蓝花100克　牛奶150毫升
盐5克　水淀粉5毫升　食用油适量

做法

1 生菜、西蓝花洗净，除去过粗纤维后切小块。

2 起一锅滚水，西蓝花焯烫至熟后捞出备用。

3 热油锅，先放入西蓝花翻炒，接着加入牛奶和100毫升清水，待沸腾后，加入生菜拌炒。

4 最后加入盐调味，用水淀粉勾芡即可起锅。

牛奶洋葱汤

膳食纤维

材料（一人份）

鸡蛋1个　洋葱50克　鲜奶300毫升
盐5克　橄榄油5毫升

做法

1 洋葱去蒂、根部，洗净后切末；鸡蛋打散成蛋液备用。

2 起油锅，用小火将洋葱末炒至透明、飘出香味。

3 待洋葱软烂成焦糖色后，倒入鲜奶，接着再加盐调味。

4 未滚前加入蛋液，持续搅拌至微微沸腾、周围冒出小泡即可。

肉片粉丝汤

膳食纤维

材料（一人份）

牛肉100克　粉丝50克　盐5克　米酒5毫升
生粉10克　芝麻油5毫升

做法

1 取一碗，将粉丝放入水中泡发30分钟后切条；牛肉切薄片，加入生粉、米酒和盐一起拌匀。

2 锅中加入适量清水烧沸，放入牛肉片，略煮后捞出浮沫，放入粉丝。

3 待粉丝煮熟后，加盐调味，淋上芝麻油即可。

6

豆豉炒牛肉 膳食纤维

材料（一人份）

牛肉160克　西芹100克　蛋白1个
姜末10克　酱油5毫升　豆豉30克
生粉5克　食用油5毫升

做法

1　将牛肉洗净、切片后装碗，再加入盐、
　　蛋白、生粉拌匀，腌渍20分钟。

2　将西芹洗净，去除过粗纤维后切斜刀，
　　备用。

3　热油锅，下牛肉片炒至七分熟，捞出后
　　备用。

4　原锅中放入豆豉、姜末煸炒，接着加入
　　酱油以及西芹翻炒，加适量水和牛肉
　　片，大火炒熟即可。

松仁拌上海青 膳食纤维

材料（一人份）

嫩上海青300克　松子仁35克　芝麻油5毫升
白糖2克　盐5克

做法

1　上海青切去根，洗净、沥干后，切长段。

2　起油锅，炒香松子仁，捞起沥油。

3　取汤锅，注入适量清水，加盐，烧开后下
　　上海青段，焯烫2分钟，捞出沥干。

4　把焯好的上海青段放盘中，加入白糖、
　　盐、松子仁以及芝麻油，拌匀即可。

黑麦汁鸡肉饭

材料（一人份）

白米100克　鸡腿肉240克
芦笋40克　黑麦汁250毫升
盐5克

扫一扫，轻松学

做法

1 白米洗净；鸡腿肉洗净，切成小丁；芦笋洗净，切小丁，备用。

2 取电饭锅，内锅中依序放入白米、芦笋丁、鸡腿丁、盐和黑麦汁。

3 将内锅放入，外锅倒入100毫升水，蒸熟即可。

4 打开锅盖，将饭和食材搅拌均匀，即可盛出食用。

黄豆猪蹄汤

材料（一人份）

猪蹄120克　黄豆30克　葱段20克　姜片3片
盐10克　米酒10毫升

做法

1 事先将黄豆洗净，泡水5小时泡胀备用。

2 猪蹄去毛后刮洗干净，放入加了5克盐和米酒的沸水中氽烫。

3 将砂锅烧热，放入猪蹄、黄豆、葱段、姜片、米酒和适量清水。

4 用大火烧开，再转小火炖煮一个半小时，至猪蹄软烂。

5 加入盐调味，即可食用。

果仁肉丁

材料（一人份）

猪瘦肉220克　黄瓜1条　熟花生30克　胡萝卜
30克　蛋白1个　辣椒40克　葱花10克　蒜末10
克　姜末10克　盐5克　芝麻油10毫升　酱油30
毫升　生粉15克　食用油适量

做法

1 胡萝卜洗净、去皮，切丁；黄瓜洗净，切丁；辣椒洗净，去头尾后再切片。

2 将猪肉洗净、切块，加入15毫升酱油、盐、蛋白、芝麻油、生粉抓匀，下油锅略炸，捞出。

3 起油锅，先入葱花、姜末、蒜末、辣椒段和胡萝卜丁炒香，接着放入猪肉、酱油、黄瓜、清水以及花生炒至入味，再淋入芝麻油即可。

珊瑚白菜 膳食纤维

材料（一人份）
白菜180克　水发香菇50克　青椒25克　冬笋25克
白糖2克　黑醋5毫升　盐5克　葱丝10克
姜丝10克　食用油10毫升　辣油5毫升　水淀粉5
毫升

做法
1 将青椒、香菇、冬笋分别洗净、切丝；白菜去
心，切成大块状，洗净后入沸水锅中煮熟，沥
干、盛盘备用。

2 起油锅、烧热，放入姜丝、香菇、冬笋、黑
醋、盐、白糖和适量水，再加入水淀粉勾芡，
接着放入青椒丝、葱丝，拌匀调成酱汁。

3 将酱汁淋在白菜上，再滴上辣油即可。

鱼香茄子 膳食纤维

材料（一人份）
茄子300克　青椒丝50克　蒜泥10克
豆瓣酱15克　酱油10毫升　葱段5克
芝麻油5毫升　红椒丝5克　食用油适
量　料酒5毫升　水淀粉10毫升

做法
1 茄子洗净后，切滚刀块，放入热
油锅中炸软，沥干油备用。

2 起油锅，放入葱段、姜丝、青椒
丝、红椒丝、蒜泥爆炒，接着放入
豆瓣酱煸出油；再放入茄子及料
酒、酱油、芝麻油炒至上色，最后
放入水淀粉勾芡即可。

木耳豆腐汤 膳食纤维

材料（一人份）
板豆腐100克　水发木耳50克　鸡汤300毫升
盐5克　葱丝5克　醋5毫升

做法
1 水发木耳洗净、去杂质，用手撕成小片备用。

2 豆腐洗净，切成片；另取一小碗水，放入醋和
豆腐，泡着备用。

3 取汤锅，放入鸡汤，待滚后将豆腐与木耳放入。

4 再煮沸时加入盐调味，最后再撒上葱丝，即可
食用。

凉拌干丝 膳食纤维

材料（一人份）

豆干丝350克　芹菜段50克　胡萝卜30克
葱末10克　姜片3片　淡色酱油15毫升
米酒15毫升　芝麻油10毫升　白糖2克

做法

1 豆干丝洗净后沥干、切段；胡萝卜去皮
后洗净、切丝。

2 煮一锅水，放入米酒和姜片，分别水煮
芹菜段、胡萝卜丝和豆干丝，捞出后沥
干放凉备用。

3 取一碗，放入淡色酱油、白糖、芝麻油
和葱末调匀，再加入芹菜段、胡萝卜
丝、豆干丝，搅拌均匀即可。

金菇爆肥牛 膳食纤维

材料（一人份）

金针菇160克　肥牛肉片100克　姜丝10克
盐10克　奶油适量　食用油5毫升
生粉5克

做法

1 肥牛肉片中加入5克盐、食用油和生粉，腌
渍20分钟，再放入油锅中炒至七分熟，捞
出备用。

2 将金针菇去根后洗净，再放入沸水中焯烫
一下，捞出沥干。

3 锅中加奶油烧热，先下姜丝炒出香味。

4 再加入金针菇和肥牛肉片略炒，最后加盐
炒匀即可。

part 7

保胎安产的
"孕"动

瑜伽能带给孕妈妈健康宁静，能帮助孕妈妈培养精神之爱，还能增强身体力量和提高肌肉柔韧性和张力，有助于孕妈妈们顺利地产下宝宝。

颈部运动

此练习可消除颈部和肩膀上部的紧张感，减轻颈部疾病，缓解由于怀孕期身体变化而引起的肩颈酸痛现象。

1 挺直腰背，双腿自然盘起，双手放到膝盖上，掌心向上，食指和拇指相触。

2 呼气，头向后，下巴尽量上抬。吸气，头回正中。

3 呼气3～5次，低头放松后颈部。吸气，头回正中。上下重复此式。

4 呼气，头转向左边。吸气，头回正中。重复此式3～5次。

5 呼气，头转向右边。吸气，头回正中。重复此式3～5次。

安全提示

孕妇进行此练习时，应注意安全，双肩不必向上抬起，以保持呼吸顺畅。

肩颈运动

此练习可消除颈部和肩膀上部的紧张感，减轻颈部疾病。

1 挺直腰背，双腿自然散盘，双手放到膝盖上，掌心向上，食指和拇指相触。

2 吸气，抬起右手，与身体成45°角；呼气，头向左偏，左耳靠近左肩；再吸气，头回正中。重复此式3~5次后，呼气，放下手臂，头回正中，稍作休息。

3 吸气，抬起左手，与身体成45°角；呼气，头向右偏，右耳靠近右肩；吸气，头回正中。重复此式3~5次后，呼气，放下手臂，头回正中，稍作休息。

安全提示

孕妇进行此练习时，应注意安全，双肩不必向上抬起，以保持呼吸顺畅。

脚踝活动

在怀孕期间，孕妇会出现双脚肿胀的现象。此练习可以伸展腿部肌肉，放松脚踝、膝盖和髋部，对缓解脚踝肿胀效果较好。

1 双腿伸直坐于垫子上，双手支撑于臀部后侧，上半身向后倾斜。吸气，双脚脚尖勾起，同时膝盖用力向下压。

2 呼气，右脚脚尖用力向下压，吸气，右脚脚尖向内勾回；呼气，左脚脚尖用力向下压，吸气，左脚脚尖向内勾回。重复此练习3~5次后，稍作休息。

莲花侧坐伸展式

此练习可舒展侧腰，减轻腰部疲劳，并缓解由于母体及胎儿体重的增加而给身体带来的不适感。

1 挺直腰背，双腿自然散盘，双手放到膝盖上，掌心向上，食指和拇指相触。

2 将右手指腹撑在右臀部旁的垫子上。吸气，左手伸直高举过头顶。

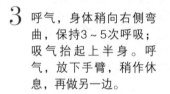

3 呼气，身体稍向右侧弯曲，保持3~5次呼吸；吸气抬起上半身。呼气，放下手臂，稍作休息，再做另一边。

4 将左手指腹撑在左臀部旁的垫子上。吸气，右手伸直高举过头顶。

5 呼气，身体稍向左侧弯曲，保持3~5次呼吸。吸气抬起上半身。呼气，放下手臂，稍作休息。

手臂伸展式

此练习可灵活肩部，扩张胸部，增加氧气的吸入量。同时可使手臂的肌肉紧实，使身体更为强壮，为孕中期体重增加做好准备。

part **7**

1 挺直腰背，双腿自然散盘，双手放到膝盖上，掌心向上，食指和拇指相触。吸气，双手前平举，掌心向下。

2 呼气，双臂左右打开，侧平举，指尖向上翘起。

3 保持自然的腹式呼吸，将手臂伸直，从前向后旋转3圈，再从后向前旋转3圈。呼气，恢复到起始姿势，稍作休息。

腹背肌运动

加强腹背肌运动，可松弛腰关节，增强背部力量，伸展盆骨肌肉，帮助两腿在分娩时能很好地分开，顺利娩出胎儿。

1 挺直背部，盘腿而坐，两臂上举，掌心相对，深呼吸，手臂向上伸展。

2 十指交叉，手臂向外翻转，掌心朝外，身体向左侧弯曲伸展。

3 身体再向右侧弯曲伸展。每天早晚各做3分钟。

猫式

此练习可以柔韧、强壮脊柱，特别是腰椎，可有效缓解孕妈妈腰酸背痛的困扰，还能强壮神经系统，改善血液循环。

1 跪于垫子上，成四角板凳状。双手分开与肩同宽，双膝分开与髋同宽，重心置于双手和双腿之间。

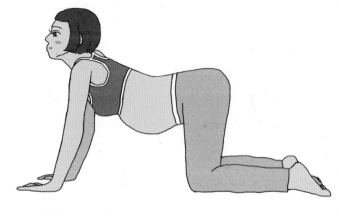

2 吸气，抬头挺胸，塌腰提臀，眼睛看向天花板，伸展整个背部。

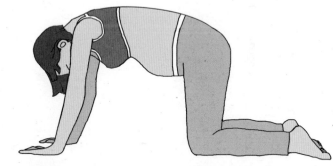

3 呼气，弯胸低头，脊柱向上隆起，眼睛看向收紧的腹部。重复此式3到5次。

4 恢复到起始姿势，吸气、抬头、向后抬起左腿与地面平行，保持2~3个呼吸；再呼气时，恢复到起始姿势，稍作休息，做另一边。

下犬式

此练习可放松颈部和肩部肌肉，改善肩膀、颈部和脊柱的灵活性；拉伸腿部韧带，增强身体力量；强健生殖系统。

1 背部挺直跪在垫子上，双手放在膝盖上。

2 将双手放在垫子上，分开与肩同宽；双腿分开与髋部同宽，脚趾踩在垫子上。

3 吸气，抬高臀部，伸直膝盖；呼气，上半身向下压，保持此姿势，以感觉舒适为限。再呼气，恢复到起始姿势，稍作休息。

安全提示

高血压患者及妊娠最后阶段不宜做此练习。

蹲式二式

此式对于孕妇来说是一个极好的练习，能加强双踝、双膝、两大腿内侧和子宫肌肉强度，增强髋部肌肉的弹性，有利于顺产。

安全提示

孕妇在练习此姿势时，一定要保持身体平衡，并根据个人情况决定下蹲的程度。

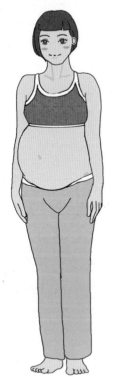

1 直立，两脚并拢，两手掌心向内，自然下垂。

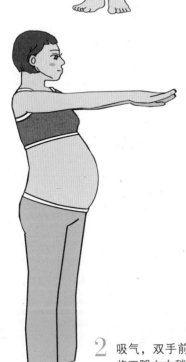

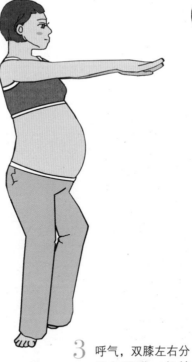

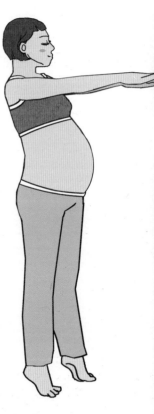

2 吸气，双手前平举，再将双腿左右稍稍分开。

3 呼气，双膝左右分开向下蹲，保持3~5个呼吸；再吸气时，用四头肌的力量，慢慢站立起来。

4 呼气再吸气时，踮起脚尖，腰背挺直，保持3~5个呼吸；再呼气时，恢复到起始姿势，稍作休息。

户外的简单小运动

孕妈妈在等待分娩的来临时期，如果到户外运动，不一定要大张旗鼓，到就近的公园散散步、伸展身体，也是一种简单的运动方式。

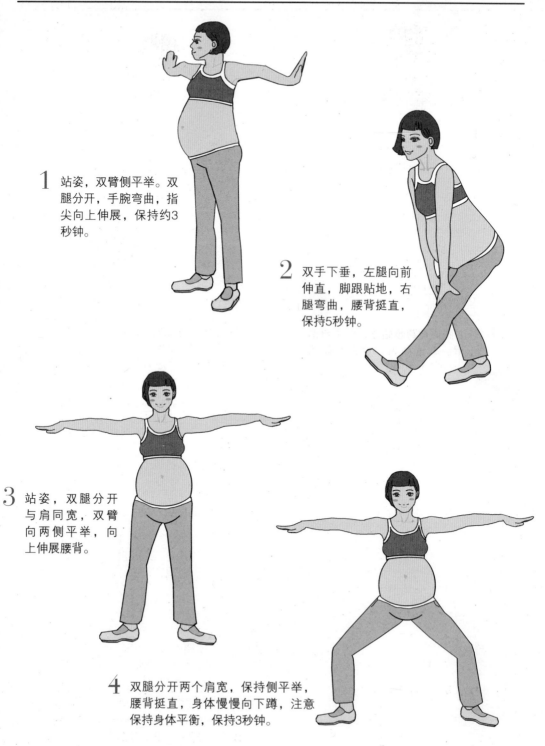

1 站姿，双臂侧平举。双腿分开，手腕弯曲，指尖向上伸展，保持约3秒钟。

2 双手下垂，左腿向前伸直，脚跟贴地，右腿弯曲，腰背挺直，保持5秒钟。

3 站姿，双腿分开与肩同宽，双臂向两侧平举，向上伸展腰背。

4 双腿分开两个肩宽，保持侧平举，腰背挺直，身体慢慢向下蹲，注意保持身体平衡，保持3秒钟。

跨步扭脊式

此式可锻炼股四头肌；放松腰部，灵活脊柱和背部，缓解背部的疼痛现象；刺激胃肠，帮助消化，改善消化系统功能，缓解便秘症状。

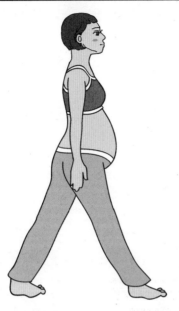

1 将右腿向前跨步站立，双手自然下垂，掌心向内，放在身体两侧。吸气，挺直腰背。

2 呼气，弯曲右腿下蹲。

3 吸气，右手支撑住腰部。

4 呼气，左手抓住右大腿外侧，向右侧轻轻扭转上半身，保持3～5次呼吸。再吸气时，伸直右腿，恢复到起始姿势，稍作休息，换另一侧做以上动作。

part 8

孕期十月
注意事项

每个阶段的孕期都有一些孕妈妈困惑和必须注意的问
题，本单元把这些问题通通集合起来，按照孕期周数，
循序渐进地让孕妈妈了解这些注意事项并解开疑惑，顺
利度过妊娠期。

孕期十月注意事项（一）

第一周

推算预产期的方式有几种：一、可从最后一次生理期的第一天算起，如果末次生理期在一至三月，预产月直接以月份加九，若末次生理期在四月之后，则以月份减三来计算，预产日等于天数加七；二、根据妊娠早期妇科检查，以子宫大小来推算；三、依据超声波检查结果来推算。

第二周

初次怀孕的孕妈妈，经常忽略察觉身体细微的变化，可能误食药物或轻忽生活细节，因而对自己与胎儿产生不良影响。怀孕初期的身体反应与感冒症状有些相似，孕妈妈若是自行购买成药服用，不但达不到治疗效果，还有可能生出畸形儿，最好的办法便是请医生诊治。

第三周

孕妈妈应维持定时、定量的饮食习惯。部分孕妈妈碍于妊娠反应，或为保持优美体态，过分限制饮食，导致体力下降，甚至罹患多种妊娠并发症与合并症；部分孕妈妈则出现暴饮暴食的现象，造成肠胃功能错乱，甚至一次摄食过多，导致胎儿供血不足，影响生长发育。

第四周

妊娠早期，胎儿对各种有害因素非常敏感，例如细菌、病毒、药物、放射线等，这些可能导致胎儿产生缺陷，并使孕妈妈流产。要产下健康宝宝，孕妈妈可遵循以下几点：一、尽量适龄生产；二、营养均衡；三、养成良好生活习惯；四、患有内科合并疾病时，治疗后再怀孕。

第五周

在怀孕前几周，由于孕妈妈对身体的各种新变化还没完全适应，因此非常容易疲劳，经常想睡觉。而且，怀孕会促使黄体激素大量分泌，使脑部某些特定部位产生麻痹，这也会促使孕妈妈产生睡意。怀孕初期，孕妈妈每日必须睡足八小时，中午也可以养成午睡片刻的习惯。

第六周

孕妈妈在这个阶段应注意摄取足够的热量。由于需要大量储存脂肪，加上胎儿新组织的生成，孕妈妈的热量消耗会大于未怀孕的时候，热量需求会随着妊娠延续而增加，因此，孕妈妈必须确保自己摄取足够的热量，才能避免发生身体不适或胎儿过小的情况。

第七周

孕妈妈可以适度地做一些家务，把家务视为运动的一种，但是得注意不可超过自己的身体负荷。导致身体受伤的事情也必须避免，例如爬高、举手够物、搬移重物等，更不要长时间俯身，让腹部处在增压的状况。冬季也不可以长时间停留在室外，导致受凉而感冒。

第八周

孕妈妈出现腹痛现象要警觉，怀孕腹痛分成两类：生理性与病理性的。生理性腹痛多半是由胃酸分泌过多所引起的，有时还会伴随着孕吐，最好注意饮食调养；病理性腹痛则可能出现下腹部疼痛，这时需注意，很可能是妊娠并发症，常见的有流产先兆及子宫外孕。

第九周

孕妈妈不可食用太多油炸食物，因高温处理后，食物中蕴含的营养素会受到严重破坏，营养价值大幅降低，加上脂肪含量急速上升，造成营养难以吸收的情况。同时，孕妈妈妊娠后，消化功能下降，食用油炸食物容易产生饱足感，导致下一餐食量减少，因而对身体产生负担。

第十周

孕妈妈的饮食状况会影响宝宝未来的寿命。根据英国科学家发表的研究，孕期内饮食均衡的孕妈妈生出的宝宝，健康情况较好；反之，宝宝容易罹患心脏病跟高血压。另外，宝宝在胎儿时期的发育也与出生后的健康状况息息相关。因此，孕妈妈应从饮食中摄取均衡营养。

孕期十月注意事项（二）

第十一周

孕妈妈每天睡醒一定得吃早餐。从入睡到起床经过了很长一段时间，如果没有适时补充食物来供应血糖，孕妈妈会出现反应迟钝、注意力分散、精神萎靡甚至头昏、晕眩等症状。为了自己与胎儿的健康，孕妈妈就算没有吃早餐的习惯，也要在孕期中培养。

第十二周

许多孕妈妈都有开车的习惯，当然，如果身体状况良好这是没问题的，但是应避免远途及长时间开车，以免发生疲劳驾驶的情况。如果长时间固定在驾驶座，孕妈妈的骨盆腔及子宫血液循环都会变差，极可能发生静脉血栓的危险。另外，还需避免紧张及紧急刹车等状况。

第十三周

孕妈妈洗澡时间不宜过久。洗澡时浴室呈现通风不良的状态，湿度极高，导致空气中含氧量偏低，加上皮肤接触到热水，孕妈妈的血管容易产生扩张，血液多数流入四肢与躯干，较少血液流向大脑与胎盘，因此容易产生昏沉现象，孕妈妈洗澡时间过长，甚至可能造成昏厥。

第十四周

胎教方式很多，其中最容易执行的便是"语言胎教"，孕妈妈与准爸爸可将生活中的小知识作为题材，再与胎动相结合，例如孕妈妈可在起床时，对胎儿说说话："宝贝，早安，今天的太阳好温暖，想不想出去晒晒太阳啊？"也可通过数胎动，与胎儿建立紧密的情感关系。

第十五周

孕妈妈不分年龄，都应该进行母血筛检，以确保胎儿健康。虽然坊间常流传高龄产妇容易生下唐氏症宝宝，但据统计，高龄产妇仅占孕妈妈人口15%，而每年新增的唐氏症宝宝只有17%是高龄孕妈妈所生，大部分还是由年轻孕妈妈生出，因此，孕妈妈接受母血筛检才是最好选择。

第十六周

孕妈妈不适合长时间仰睡或右卧睡。由于妊娠过程中，胎儿会不断增大，如果采取仰睡，增大的子宫会压迫到后方的腹主动脉，以及下腹静脉，因而影响子宫供血量，并妨碍胎儿吸收营养；右卧同样不利胎儿发育，孕期子宫往往不同程度地右旋，右卧则会加重这种现象。

第十七周

孕妈妈切勿因为怀孕而使饭量暴增，例如原先每餐一碗饭，孕后刻意增加至每餐两碗饭。孕妈妈饭量加倍，不等于胎儿吸收的营养加倍，多吃的部分很可能化为孕妈妈身上多余的脂肪。因此，慎选富含营养素的食物，少吃油炸食物及食品添加物，才是饮食的上上之策。

第十八周

孕妈妈体重定检很重要，怀孕18周起，孕妈妈要特别注意体重，妊娠期间平均会增加10至13千克，包含胎盘、胎儿及羊水，这些重量约为6千克，其余为孕妈妈的腰、腹组织及增加的血液。如果孕妈妈过度肥胖，可能罹患妊娠高血压及糖尿病，影响母体及胎儿健康。

第十九周

胎动在十九周更为明显了！胎动是胎儿与世界最直接的互动，好比在向世界宣誓："我的状况很好喔！"表现形式有呼吸运动、打嗝、滚动及踢动等，孕妈妈可以很明显地感觉到，甚至与他互动。孕妈妈应该每日固定自数胎儿1个小时的胎动，建议可选择晚间8到9点进行。

第二十周

孕妈妈在孕期二十周需小心维持身体平衡，并防止局部肌肉疲劳，可利用一些小方法来维持身体平衡，例如坐下时动作放轻，先坐到椅边，坐稳后再往后挪动身体；做家务时，双脚不要并拢站立，最好一脚微微向前，让双脚错开；拿取东西时，弯曲腰部与膝盖，背部挺直等。

孕期十月注意事项（三）

第二十一周

孕妈妈与胎儿需要一个健康的居住环境，才能让母体与胎儿维持愉悦心情。室内最好保持干净整洁、光线明亮以及空气流通，室温则建议维持在孕妈妈最感舒服的状态，温度太高使人精神不济；温度太低则容易着凉、感冒。此外，室内摆饰也要以孕妈妈的安全为优先。

第二十二周

不是所有运动都适合孕妈妈，幅度及强度较剧烈的运动应避免，例如举重及仰卧起坐，这两种运动都会妨碍血液进入肾脏与子宫，进而影响胎儿的安全，也不可跳跃、快跑、忽然转弯及弯腰，或是长时间运动，这些都会引起孕妈妈的不适反应，应该尽量避免。

第二十三周

孕妈妈应避免打麻将，否则可能对母体及胎儿造成伤害。打麻将时情绪通常会跟着牌桌走向一起高低起伏，甚至处于患得患失、喜怒无常的状态，而现场空气污浊，也容易导致孕妈妈激素分泌异常。打麻将的空间通常烟雾弥漫，即使孕妈妈本身不吸烟，也很容易吸到二手烟。

第二十四周

孕期迈入第二十四周，孕妈妈若出现腹泻反应，不可忽视或自行服药，应立刻就医，查出确切原因，并依照医生开出的处方服药。饮食方面，以半流质为主，不必禁食，以维持孕妈妈应有的体力。

第二十五周

孕妈妈在怀孕后，由于内分泌的变化，心理及情绪都会产生波动，进入怀孕后期之后，由于胎儿急速生长，孕妈妈的负荷会加重许多，加上即将分娩，心理及生理压力都会增大，情绪容易焦躁不安，甚至是突然激动，这时候准爸爸与家人应给予适当的体谅与包容。

第二十六周

水虽是人体不可或缺的重要元素，更是生命之源，但孕妈妈不宜摄取过多的水分，以免对身体产生负担，多余的水分排不出去，在体内蓄积，容易引发水肿。孕妈妈每日进水量建议约2000毫升，除一天的固定进水量，三餐食物所含的水分，也应该全部计算进去才是准确数值。

第二十七周

性格养成是宝宝心理发育的重要发展之一，更是人生发展中不可或缺的重要环节，通常于胎儿时期便会形成。孕妈妈的子宫是胎儿生长的第一个环境，小生命在里头的感受会直接影响将来性格发育与塑造。孕妈妈为培养宝宝良好的性格，应尽力做到不发脾气，并时时保持开心。

第二十八周

孕妈妈若是不小心摔跤，应避免过度紧张，首先要镇定，接着需仔细观察自己是哪个部位受到碰撞，挤压程度是否严重。摔跤时，若撞到腹部或全身重摔，都可能影响到胎儿，甚至可能使胎盘剥离，若是胎盘与子宫壁分开，胎儿会得不到氧气与营养供给，严重时甚至会死亡。

第二十九周

若双胞胎妊娠，孕妈妈的早孕反应会较严重，持续的时间也较长，下肢水肿及静脉曲张、妊娠高血压、羊水过多的几率都较高。分娩时，很容易出现产程延长、胎盘早期剥离、胎位不正的现象。孕妈妈怀有双胞胎需注意营养摄取及适当休息，每日应补充足够睡眠，方能顺产。

第三十周

迈入孕期三十周，孕妈妈应做好心理调节以迎接分娩。在体力、情感及心理状态等方面，孕妈妈开始经历一个异常脆弱的时期，担忧自己保护胎儿的能力减弱，而显得小心翼翼。其实过度的担忧是不必要的，孕妈妈应做好心理调节，才能以最佳状态迎接新成员的到来。

孕期十月注意事项（四）

第三十一周

很多孕妈妈认为看电视既有声音又有图像，可以算是胎教的一种，事实上，这种想法是错误的，长时间看电视，对孕妈妈跟胎儿都会产生不良影响。电视机屏幕在高压电源激发下，向荧光幕持续发射电子流，过程中会产生对孕妈妈不好的高压静电及大量正离子。

第三十二周

妊娠期间，身体会做好分娩准备，腰背韧带会变软并具有伸展性，所以孕妈妈弯腰时，关节韧带被拉紧，就会感觉到背痛，随着胎儿长大，脊椎弯曲度增加，弯腰时更容易感到腰背疼痛。孕妈妈可借助穿平底鞋、避免提重物、不采取弯腰姿势工作等方式来减轻腰背疼痛。

第三十三周

临近分娩时刻，孕妈妈可能会有气喘的现象。由于子宫增大，使横膈膜升高，压迫到胸腔，导致孕妈妈呼吸不顺畅，如果用力做事，甚或是讲话，都会感到透不过气来。当胎儿的头部进到骨盆后，气喘现象便可得到纾解。孕妈妈感到气喘时，需要多休息并缓和呼吸，情况会改善。

第三十四周

部分孕妈妈喜欢喝果汁，并在饮用过程中添加糖、蜂蜜或柠檬等食材，但家庭自制果汁时，一定要遵循现榨现喝的原则，不仅营养素可以完整保留，也不用担心细菌进到果汁里，造成孕妈妈的身体负担。水果最好是新鲜食用，若还是想榨汁，果汁机务必要保持干净。

第三十五周

有一些人认为野生动物的营养价值高，对孕妈妈滋补身体很有好处，这是错误的观念。野生动物在野外生长，容易感染寄生虫，或携带各种病毒与细菌，甚至是人类未知的致病细菌，部分不肖之徒还会使用毒饵猎杀，食用后对母体与胎儿都会产生不良影响。

第三十六周

孕期迈入第三十六周，胎儿的视神经及视网膜尚未发育完毕，这时胎儿最喜欢的光亮，是透过母体腹壁进到子宫的微弱光线。孕妈妈可以挑选适当时机让胎儿享受晴朗的阳光，在阳光和煦的日子里，到公园或郊外走走，将手轻放到腹壁上对胎儿说话，对胎儿都是很棒的刺激。

第三十七周

怀孕晚期，孕妈妈动作开始变得笨拙，部分孕妈妈会选择持续工作到分娩前一天，有些则会提前在家休息，如何选择，其实都要根据各自的工作内容及身体状况而定。如果孕妈妈不知道该如何选择，可以把工作环境、性质及劳动强度等信息告诉医生，再请他提出专业建议。

第三十八周

妊娠九月可能出现很多情况，例如落红，由于临近分娩，子宫下段不停拉长，子宫颈发生变化，子宫下段及子宫颈口附近的胎膜与子宫壁分离，微血管破裂造成。也可能发生频尿、阵发性腹痛，尤其后者，若孕妈妈腹痛频率增强至5分钟1次，每次持续30秒，便是将要分娩的前兆。

第三十九周

宝宝快出生了，孕妈妈可以和胎儿聊聊怎么出世的话题，提前与他轻声沟通，不仅借此安抚自己的紧张心情，更增加分娩的临场感。这时候也可以邀请准爸爸一起加入对话，让胎儿尚未出生，便从母体感受到孕妈妈与准爸爸对自己的欢迎，养成出生后充满爱的美好性格。

第四十周

孕妈妈的胃部不适在这一周会减轻，食欲也会增加，在这样的状况之下，孕妈妈摄取的营养是充足的，只要注意心情调适、维持饮食均衡即可。这个阶段应限制脂肪与碳水化合物的摄取，以免胎儿发育过大，增加分娩难度，并尽量避免在外用餐，以确保食材质量。

孕期十月 Q & A

Q1 以排卵检测药来做怀孕准备的依据，这个做法合适吗？

若是确定女性妇科病历、子宫、卵巢及输卵管都是健康状态，使用这种方式一般来说都是准确的。测定排卵期的方式有很多，包含排卵检测药、基础体温检查、超声波检查、激素检查等，女性可选择最适合自己的一种方式来进行。

Q2 怀孕八周，检查时看不见胎儿，请问这是流产吗？

排尿后进行超声波检查、算错怀孕时间等都会导致无法看见胎儿。前者需在母体膀胱充满尿液时，超声波才能准确地拍下画面；后者应从最后一次生理期结束的第14天（排卵期第一天）算起，但每个人状况不一，有时会出现误差。

Q3 怀孕期间可以与宠物朝夕生活吗？

孕妈妈最好不要与宠物一起生活，否则很容易感染人类没有的弓形体原虫等各种病菌。孕妈妈若是本来就饲有宠物，建议先找个合适的地点寄放，例如乡下的亲戚、朋友家等，待宝宝出生后，家庭已建构不错的生活节奏，再把宠物给接回较好。

Q4 有没有顺利度过孕吐的好方法？

孕妈妈在孕吐期间，应该努力保持己身情绪的稳定，否则，孕吐反应很可能会变得更加剧烈。根据研究，孕妈妈保持放松的精神状态，身体状况会因此改善许多，精神状态越紧绷的孕妈妈，孕吐状况越严重。

Q5 高龄产妇是指什么年纪的女性？高龄产妇常常会遇到什么情况呢？

现代人晚婚，电视节目及日常生活中常听到这个名词，根据世界卫生组织的定义，凡是年龄超过35岁的孕妈妈都会被归类为高龄产妇。相较适龄产妇，这些女性在生产时会面临更多难题与挫折，例如更易罹患妊娠高血压、妊娠糖尿病等。

Q6 试管婴儿是指受精卵以何种方式成功被培育？

以人工方式取得精子与卵子后，在培养液中受精，并将受精卵移到女性子宫中着床，受精卵顺利长成胎儿，并平安被母体诞下，这种出生方式的宝宝被称为试管婴儿。很多罹患不孕症的夫妻，都是借助试管婴儿的方式成为爸妈的。

Q7 常常听到子宫外孕，这个词到底是什么意思呢？

一般情况，受精卵应该在孕妈妈的子宫着床生长，等待诞生；子宫外孕则是指受精卵在子宫以外的地方着床，例如输卵管、卵巢等邻近器官。出现子宫外孕一定要及早手术，否则会造成孕妈妈的身体负担，严重者，还可能丧失性命。

Q8 孕期中可以使用微波炉吗？

对于行动不如以前方便的孕妈妈来说，微波炉是很好的帮手，不仅操作方便，而且快速。不过微波炉的电磁波对胎儿会产生不良影响，孕妈妈应避免在机器运转时，直接站在正前方，以免对母体及胎儿造成不好的影响。

Q9 常听说妊娠期间罹患糖尿病的孕妈妈很多，可以使用代糖产品来避免这个问题吗？

阿斯巴甜、糖精、食用苏打等代替糖分的物品，都属于添加物，从营养学的角度来看，对人体没有好处，建议孕妈妈不需要刻意食用。要预防妊娠糖尿病的发生，就是要采用正确的饮食方式（如高质量的饮食、少量多餐）与适量的运动。

Q10 乳房小的孕妈妈分泌的乳汁会较少吗？

乳汁分泌的多寡取决于激素，与乳房大小无关。小乳房相较大乳房，对性的刺激更容易感到敏感，越是小乳房，大脑神经越能快速传递性的刺激，进而促进乳汁的分泌。

Q11 生完宝宝牙齿会变差吗？

虽说胎儿成长与发育的过程需要大量的钙，但就此认定孕妈妈身上的钙会被胎儿吸取，并不是完全正确的。产后牙齿变差的孕妈妈，通常是孕期中疏忽对牙齿的保健所致，因此只要做好牙齿清洁、补充足够钙质、避免食用高糖食物，孕妈妈无需过于担忧。

Q12 精神焦虑会有的状况是什么？

孕妈妈在妊娠期间，由于身体及心理发生变化，加上自律神经不稳定，对微弱的刺激也会产生反应，可能表现出兴奋或不安。而传统习俗对妊娠更是有诸多禁忌及限制，也可能导致孕妈妈压力过大，进而造成精神焦虑。

Q13 妊娠健忘症是孕妈妈常发生的症状吗？应该如何应对呢？

"我要做什么？"孕妈妈经常出现这样的疑问，甚至在过度思考时感到头昏脑胀，这些都是妊娠健忘症的症状。由于孕妈妈把注意力全部集中在胎儿身上，加上身体较容易疲惫，因此很可能暂时性的降低思考能力，这是一种常见的孕期生理现象，无需过于忧心。

Q14 胎位不正指的是什么？

胎位不正是指胎儿处在颠倒（臀位）或侧躺（横位）的状态。这种状态虽说可以通过外转手术将胎儿的位置转正，但手术后又回归原状的例子也很多，如果分娩前胎儿还是没有恢复到正常位置，一般需要进行剖宫产手术。

临产前的准备

临产前妈妈的准备

衣物用品

棉拖鞋1双；棉内裤3～4条或一次性内裤若干；较厚的袜子3～4双；前扣式的睡衣或睡袍；开襟外套1件，天气较凉的季节或早晚时分穿在病服外面，在病房或医院走动就不怕着凉了；出院服装一套；束腹带1个；如果天冷加上棉袜2双。

盥洗用品

牙刷、牙膏、梳子、茶杯；香皂、洗面奶；毛巾3条（分别用来擦脸、身体和下身）；擦洗乳房的方巾2条；脸盆3～4个；镜子、发卡。

乳房护理用品

哺乳式文胸2～3个；吸奶器1个；哺乳衬垫（方便给孩子喂奶）；乳房衬垫1个；用于治疗乳头疼痛的药膏。

卫生用品

餐巾纸、卫生纸（大卷）、湿巾纸；产妇垫巾；大号（长度大于42厘米）或者特大号（长度大于50厘米）的卫生巾、产后卫生棉。

记录用品

录音设备、照相机、摄像机，给宝宝、妈妈拍照、摄像留念，注意要确保电量够用。

一般物品

可以适当地准备一些人参、水果汁、蜂蜜、葡萄糖，以及饥饿和生产时接力用的巧克力，为生产加油；血燕对于产后补身体也非常理想。CD机或MP3、图书或杂志，阵痛间隙放松精神，分散自己的注意力。

部分医院会提供奶粉、待产包等，具体情况可事先咨询待产医院。

爸爸应做的准备

爸爸应在孕妈妈分娩前将房子清扫、布置好，要保证房间采光和通风情况良好，以便孕妈妈在产后愉快地度过月子期，让母子生活在清洁、安全、舒适的环境中。

爸爸应该将家中的衣物、被褥、床单、枕巾、枕头拆洗干净，在阳光下曝晒消毒，以便孕妈妈产后备用。

购买物品、用具。包括挂面或龙须面、小米、大米、红枣、面粉、红糖等这些产妇必需的食物，还应购置洗涤用品，如肥皂、洗衣粉、洗洁精、去污粉。

分娩前孕妈妈贴心提示

孕妈妈分娩时体力消耗比较大，因此分娩前必须保证充足的睡眠。

分娩前孕妈妈尽量不要外出或旅行，以免途中分娩不能及时就医，措手不及；也不要天天卧床休息，做一些力所能及的轻微运动是有好处的。

分娩前孕妈妈要自我检测胎动，因为胎动是评判胎儿是否宫内缺氧的最敏感指标。

若无异常情况，尚未临产的产妇不必提前住院，以免带来心理恐慌。

孕妈妈要注意保持身体的清洁，由于产后不能马上洗澡，因此在住院之前应洗澡，以保持身体的清洁。

发生胎膜早破（在家）时，应该采取平卧位送医院，以免发生脐带脱垂。

有妊高征的孕妈妈应在产前及时接受治疗，否则对母子健康都极不利。